以筆墨弘揚佛法：
星雲大師與弘一大師

Teaching Buddhism Through Calligraphy:
Masters Hsin-yun and Hongyi

鮑家麟　著

美商EHGBooks微出版公司
www.EHGBooks.com

EHG Books 公司出版
Amazon.com 總經銷
2022 年版權美國登記
未經授權不許翻印全文或部分
及翻譯為其他語言或文字
2022 年 EHGBooks 第一版

Copyright © 2022 by Chia-lin Pao Tao
Manufactured in United States
Permission required for reproduction,
or translation in whole or part.
Contact: info@EHGBooks.com

ISBN-13：978-1-64784-128-7

目錄

目錄 1

吳疆教授序 3

自序 7

導言 9

書法與中國人的精神生活 11

第一部分：星雲大師的無盡燈 15

 星雲大師與佛教新運 17
 星雲大師與書法 20
 星雲大師的筆墨教化 27
 一筆字的由來 49
 星雲大師是地球人 51
 新年祝賀字 53
 眾生平等 58
 筆墨善緣 61
 佛光普照 62
 參考書目 64

第二部分：弘一大師 字以人傳 65

 一代才子 67
 寫字以篆書入手 68
 筆和紙 72
 寫字要注意的幾點 73
 出家為僧 74

寫字的章法與評分 81
勸人不殺生 85
最後的演講——"關於寫字的方法" 94
結論—— 字以人傳 97
參考書目 99

作者簡介 101

吳疆教授序

　　鮑家麟教授是我們亞利桑那大學東亞系的資深教授，她長期致力於中國婦女史的研究，成果卓著，受到學生和同事的尊重和景仰。在工作學術之餘，她關心中國文化的傳承，尤其對於書藝和佛教有獨到的見解和造詣。她本人也精於書法，善於養生。為了弘揚書法藝術，她已經出版了林雲大師的書法專輯和專著。現在，她又創造性地把弘一大師和星雲大師的書法作品放在一起加以展示、分析，並將新書題為《以筆墨弘揚佛法：星雲大師與弘一大師》。大作即將出版，鮑教授囑序與我，作為晚輩後學，實在是誠惶誠恐。

　　我自從 20 多年前就職於亞利桑那大學東亞系以來，一直得到鮑老師的關照和提攜。尤其是佛教研究中心 2017 年成立以來，鮑教授更是熱心參與和支持，我在此表示衷心的感謝。教授邀請我寫一個序言，但我對書法藝術也沒有什麼研究。只是因為我從事明末清初旅日高僧隱元隆琦禪師的研究，因此藉由研究隱元禪師的因緣，對當時高僧的書法藝術有了一些瞭解。今年正值紀念隱元大師圓寂 350 周年，亞利桑那大學佛教研究中心與福清黃檗山萬福寺合作，舉辦了黃檗文化和隱元大師的線上藝術展覽，因此有機會目睹和瞻仰了深藏於世界各大博物館的許多隱元禪師和渡日中國僧人的墨寶。在拜讀了鮑教授的書稿之後，我對近現代高僧大德的書法藝術有了更多的了解，感到受益匪淺。在欣賞、讚歎之餘，我也時常在想，書法藝術和高僧大德的精神境界到底有什麼聯繫？我想鮑教授和我一樣，對這個問題十分感興趣，因而出版了這本專著。

　　我認為書法藝術是一種行為藝術，但同時也是書法家精神境界的體現。一個人達到什麼樣的精神境界與他的行為和表達

方式有極大的關係。在漢傳佛教的傳統中，書法成了高僧大德表達自己精神境界密不可分的一種方式，我想這是和中國傳統中書法藝術的高度發達有關。在長期的書法實踐中，書法家需要很高的精神控制力，才可以掌握筆鋒的流轉，將內在的精神之力發運到纖纖筆端，將一個個漢字化為型、心、神合一的人與字的統一體。因此，書法藝術也是一種修行，通過書手一系列的身心協調和操作，做到心、筆、紙、墨的高度統一。這是一個難度相當高的過程，可想而知其中對人的精神控制力的要求。只有對自然和人心有更深理解、對天人合一的精神境界有更高體悟的高僧大德，才會在書法中表現出一種人與字的合一。

弘一大師是近現代中國歷史上少有的高僧大德，在弘揚佛法戒律的同時，因為他也是文人出身，音樂、藝術修養俱佳，他的字也廣為流傳。我們中心在 2020 年請到了弘一大師研究專家歐陽瑞教授（Raoul Birnbaum）蒞臨演講，並和他一起探討了弘一法師的書法作品，因而有所了解。星雲大師是現當代臺灣佛教界中興之人，在中國大陸也有廣泛的影響，道場遍佈世界各地。為了弘化人間佛教，他所創的一筆字體現了一種非常微妙的精神境界。我曾於 2017 年受邀親臨佛光山參拜，接受了大師的接見，欣賞過珍藏在佛陀紀念館中他的親筆墨寶，還請回了一幅一筆字，現在懸掛在佛教研究中心的辦公室供養。這是我們引以為豪的一幅真跡作品。這兩位大師的書法作品各有風格，時代背景也不同，鮑教授將他們的作品放在一起，相得益彰，不但顯出各自的特點，而且創造了一種高僧書法比較研究的新題材，把近代和現當代的佛教和書法的關係做了一個詳細的說明。對於這樣的承前啟後的工作，我本人非常欽佩，相信廣大的讀者和教內外人士也會有同感。在鮑教授完成林雲大師書法藝術一書後，我得知她還有意編撰這本書，便安排我的學生萬子菱和劉瑋協助鮑教授的研究工作，算是我們佛教研究

中心對這一研究項目的支持。

在本書出版之際，我希望有更多的有識之士能夠支持書法和佛教方面的研究，把視野擴展到更廣闊的世界文化當中去，在共創人類文明的大背景下，通過書法藝術的實踐和鑒賞，構建我們心靈的家園和精神的棲息之地。在這一過程中，還會有很多課題，包括我所提到的旅日高僧隱元大師的書法藝術以及他所開創的黃檗文化，也是相當值得研究的。

最後，再次祝賀鮑教授這部功德無量的大作出版，並預祝本書的成功。是為序。

美國亞利桑那大學佛教研究中心主任
東亞系教授

吳疆

2022 年 8 月 1 日
亞利桑那圖森

自序

　　書法在三千年的華夏文化中有其重要的地位。歷代佛教大師中，不乏以筆墨弘揚佛法，教化勸善者。對個人，家庭，和社會，佛教大師們的書法，確有潛移默化和移風易俗的作用。

　　全書分兩大部分。第一部分是星雲大師的無盡燈，包括早年和近年的一筆字和星雲大師以墨寶辦學的世紀奇蹟。

　　開啟佛教新運並提倡人間佛教的星雲大師（1927--　），同時也是一位擅書者。他與書法之緣，從早年因信徒奉獻而贈字起，演變到後來的信徒以奉獻來求字，捐獻所積，居然成為洛杉磯西來大學的建校基金。星雲大師後來又陸陸續續設立了宜蘭佛光大學，嘉義南華大學，澳洲南天大學和菲律賓光明大學。這些學校的營運，多賴大師天天不斷地書寫支持，其中的書法因緣著實不可思議。大師時常是一天寫一百張，據他說，早年有一天寫了四百多張，寫得腰酸背痛 —— 這大概是大師的最高紀錄了。

　　三十多年前，大師因健康原因，視力受到影響，但他仍作書不輟。他說，提筆以後，一筆寫下去，不能停頓；停頓則不知再落筆何處。如今的星雲大師年過九十，但仍舊不斷執筆勤寫，他的一筆字寫出了中國書法史上的新頁。

　　星雲大師的一筆字曾在世界各地展覽，而大師在紅紙上寫的新年祝賀語最受大家喜愛，現在每年印發到全球各地的超過一百萬張。大師墨寶所點亮的這盞燈，確實已將佛光照亮了五大洲。本書此一部分以大師的墨寶為焦點。大師墨寶不計其數。而本書選用不過數十幅，只能說是墨寶中的樣品。在這裡，要和讀者們一同來欣賞，讚嘆，思索，領悟和回味。

　　筆者未曾與大師見過面。2019年，有幸去佛光山開會，見到多位法師，但未見到大師。記得許多年前，有一次登上由洛杉磯飛台灣桃園的班機，在經濟艙坐定以後，有位前排的太太大聲告訴她的朋友說："星雲大師在前面。"所以作者與大師曾經"同船渡"。

　　本書第二部分著重弘一大師（1880-1942）教導學僧寫毛筆字的方法，從選擇紙張到毛筆都是學問。大師憑藉自己從八歲開始學寫字的經驗，認為學寫毛筆字應從篆書入手，以此為學習隸書，楷書，行書的起點。大師從寫字的方法，理論，到毛筆字作品的評鑑，如何為作品打分數，都有他獨特的見解。這些都是星雲大師很少談到的。

　　弘一大師前半生是風流才子，後半生是有道的高僧。早年他提倡話劇，擅於繪畫，並能作曲，也懂金石。在大師的督促下，與他的學生豐子愷合寫護生畫集，強調萬物並育而不相害，勸戒殺生，影響深遠。

　　大師最後的一次演講就是討論如何寫字的。弘一大師提出一個說法就是"字以人傳"。筆者覺得這兩位大師的墨寶受到大家的尊重，珍視與喜愛，就是這個理論的最佳詮釋。

　　本書得以成稿，要感謝吳疆教授，劉鳳樨教授，如常法師，如川法師，慧東法師，劉曉藝教授，萬子菱，劉瑋和劉曉冰，也要感謝漢世紀的劉婉伶及其高水準的編輯團隊。佛光緣美術館提供珍貴墨寶的高清圖片，佛光山並惠予授權使用，使本書得以問世，謹此致上誠摯謝忱。

本書版稅悉捐西來寺

導言

　　中國的書法藝術是中華文化中的瑰寶，在國粹中名列前茅。在世界藝術史中，它亦獨樹一幟。世界上惟一將古來文字發展為藝術的，只有中華文化。文房四寶的使用，自紙張和毛筆在漢代發明以來，已有兩千多年的歷史，隨著文字的流變，字體的演化，加上書寫的想像空間不斷增擴，書法的表現形式呈現璀璨豐富的特徵。

　　這種書法藝術在兩千年來不斷創新。殷商有甲骨文，周朝有金文和石刻文，秦漢有篆書和隸書，東晉至唐代又發展出楷書，行書和草書。書法作為藝術，一直在不斷創新，而且代有才人出，作品琳琅滿目，美不勝收。

　　書法藝術不僅在中國受到重視，在日本和韓國大行其道，在西方國家也越來越受到讚賞。據說西方印象派大師畢加索到中國訪問，看到中國學者示範草書，驚歎之餘，下結論說，如果他生在中國，那他一定是個書法家。

　　"書道"在日本一千多年來備受尊崇。在唐代，日本高僧遊學中國，回國時攜帶大量王羲之和王獻之的字帖。鑑真和尚東渡日本，也帶去許多晉人法帖。日本的光明皇后和嵯峨天皇都為王羲之的墨蹟著迷。餘如空海，橘逸勢，小野道風，藤原佐理，藤原行成等，也都是因模仿二王書法肖似而受到日本書壇敬重的。[1]今天日本的書道似乎比上個世紀更為盛行。

　　1930年代，蔣彝在英國攻讀博士學位，決定以中國書法為

---

[1] 朱守道，《書法史話》，台北國家出版社，2003，頁 43-44。

題來寫博士論文,他的指導教授欣然同意。論文寫好的時候,原來的那位教授已經離開,而新的指導教授不同意,他遂未能拿到學位。但有出版社願意出版他寫的論文,其書付梓以後,居然銷路不錯。[2] 不懂中文的歐洲人來買,在歐洲打仗的美國大兵也買了寄回家做聖誕禮物。可見中國的書法藝術真能讓全世界的人傾倒。

---

[2] 此書是 Chiang Yee, Chinese Calligraphy。至今仍受英語世界讀者喜愛。蔣彝由英國來美國哥倫比亞大學任教直到退休。筆者有幸向他見面請教。以可口可樂來翻譯 Coca Cola,就是他的傑作。

書法與中國人的精神生活

在中國，書法有無窮的魅力，甚至法力。例如新年貼在大門上的紅紙黑墨的"春"字，或"福"字，。還有大門兩邊字句對稱的春聯。家家要討個吉利，人人要好運臨頭，大家都觀想趨吉避邪，希望有個新的開始，為未來的一年祝福。好像一個門上的"福"字，就代表著積極人生的起點。不過，幸福這東西不也正是全世界的人都在追求的嗎？

毛筆字是中國大眾文化的重要部分。商店銀行的招牌也有許多是準備了潤筆，找書法家來寫的，所以街頭巷尾都是展示書法的所在。一出家門，抬頭就可看到優美的毛筆字。即使不出門，家中也可懸掛紅紙上寫的吉利詞彙，也就是所謂"抬頭見喜"。書畫的卷軸能使白壁生輝，賓朋開顏。提供談話的題材，增加文化的氣息。在商店，餐廳，公司裡面，也常懸掛一些高雅脫俗的書畫。這能沖淡濃厚的商業氣氛，使喧囂的環境得到淨化。

自從佛教興盛以來，佛經抄寫的做法也廣為流傳。信眾認為抄經可以解冤積德，也是修持的一個途徑。即使中國是最早發明印刷術的國家——堅持抄寫佛經的人也一直還是很多的。佛光山也有指導信眾抄經的文字。

書法有著道不盡的勸善功能。通過優美的筆畫，悅目的線條，人們受到道德的提示和人格的薰陶。書法無疑有教化之功，甚至能潛移默化，移風易俗。俗語說："人心不足蛇吞象。"家裡掛一幅"知足常樂"，就可以提醒自己不要貪心，尤其不能取不義之財。孩子的房間裡掛一幅"學問如逆水行舟不進則退"，就能鼓勵他專注學業。否則父母每天囉囉唆唆，說得青

春期的兒女心煩,可能會收到反效果。這樣的例子不勝枚舉。

"人身難得,中土難生,佛法難聞。"好幾位佛教高僧也都以書法名世。他們發願救苦救難普度眾生,這些悅目的墨寶既是他們的喉舌,也都是向眾生開示的工具。在佛光山的牆上,就有星雲大師寫的:"人身難得今已得;佛法難聞今已聞。此身不向今生度,更向何生度此身?"

在中國和日本的書法史上,有不少高僧是以筆墨來幫助弘揚佛法的,有的甚至對書法的發展有很大的貢獻。值得重視的有智永大師(南北朝人,生卒年不詳),他首倡"永字八法",

成為後人練毛筆字的必學要訣，寫有"真草千字文"。懷素大師（725-785）是"草書聖手"，寫有"自敘帖"，是書法中的國寶。日本有位一休禪師，將自己的毛筆字賣給鄰居和路人，傳為美談。近代的弘一法師李叔同（1880-1942），才藝兩絕，以墨寶弘法度眾。星雲大師更是延續這個傳統的佛教高僧。

第一部分:星雲大師的無盡燈

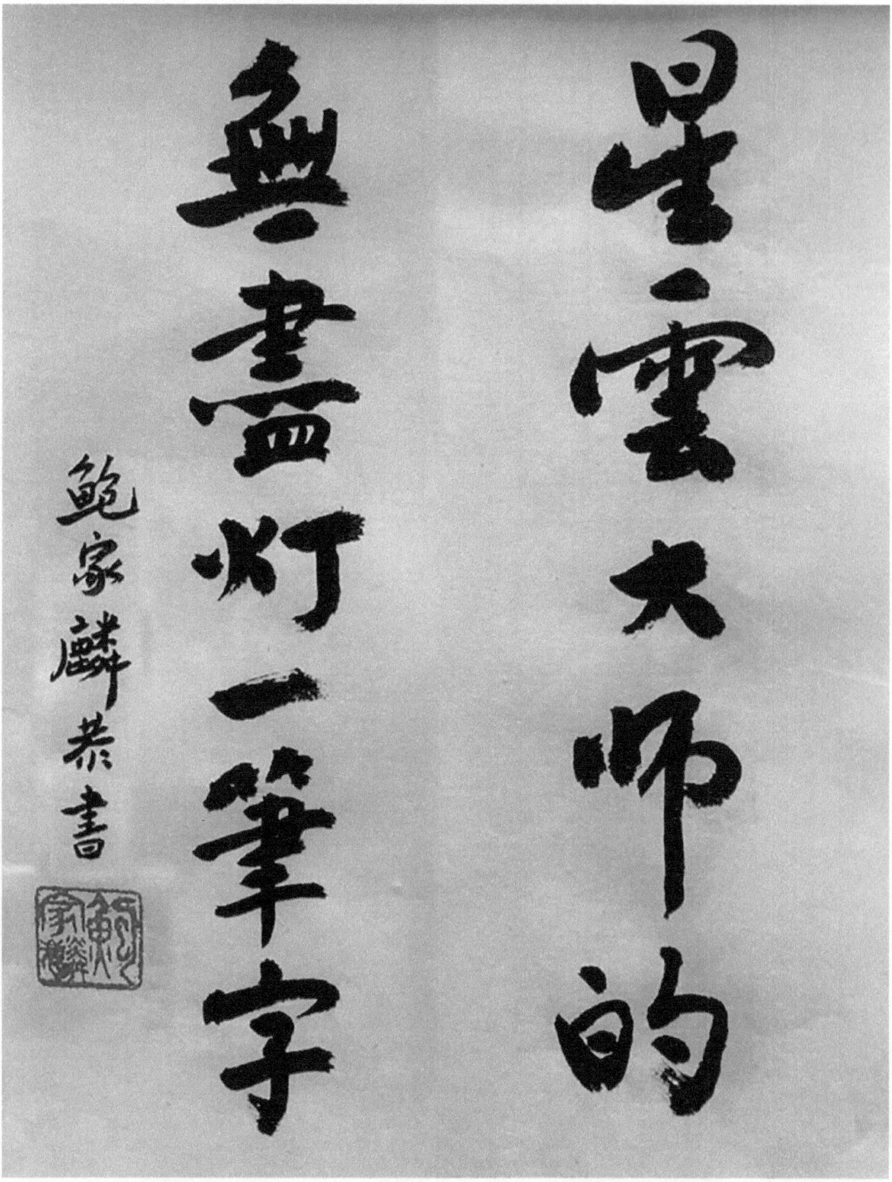

星雲大師與佛教新運

　　星雲大師是台灣佛光山的開山大師。本名李國深，1927年，生於江蘇揚州，12歲在南京棲霞寺出家，實際祖庭為江蘇宜興大覺寺，禮志開上人披剃，是臨濟宗第48代傳人。內號悟徹，法名今覺。

　　1949年大師赴台灣。1967年在高雄創建佛光山。其後於世界各地先後設立二百餘所道場。又創辦美術館，圖書館，出版社，書局，大學，中學，小學各級學校數十所。

　　曾主編《人生》，《今日佛教》，《覺世》等佛教雜誌。著作等身。代表作品有《佛法真義》，《釋迦牟尼佛傳》，《星雲禪話》，《迷悟之間》，《十大弟子傳》，《貧僧有話要說》，《我不是「呷教」的和尚》，《星雲大師全集》等。

唐德剛教授[3]在多年前寫的"**佛教今後的五百年**"一文中說他在講授世界性大宗教課題時，總要學子記住中國古語"五百年必有王者興。"從釋迦牟尼佛（563-483 BC），老子和孔子開始，五百年後有耶穌，再過五百年，有回教始祖穆罕默德（570-630）。一千年後，出現了天主教的馬丁路德（1483-1546），是為基督新教的一世祖。現在距 1520 年的"宗教改革"接近五百年，宗教界又要出現一位起劃時代作用的領袖了。

他認為此一新機運，應產生於佛教圈中。'佛門新運'是'二乘'（大小乘），'十宗'歸一的統一運動。此一運動之席捲中國，震撼五洲，蓋無人可遏阻之。積數年之深入觀察與普遍訪問，余知肩荷此項天降之大任，為今世佛教開五百年之新運者，"佛光宗"開山星雲大師外，不作第二人想。[4]

今天我們客觀地來看：百餘年前，大英帝國以武力締造了"日不落國"。百餘年後，星雲大師實行了菩薩的悲智願行，透過了他的國際組織如國際佛光會，以和平和包容的精神，將佛法傳遍全球。這是一個不用武力，而是以德服人的"日不落國"。現在佛光已普照全世界，法水也廣流五大洲。

---

[3] 筆者於 1963 年，獲紐約哥倫比亞大學獎學金，在該校進修時，曾上過唐德剛教授的課。

[4] 唐德剛，"佛教今後的五百年"。

　　過去兩千年，世界上的劃時代的偉大宗教領袖，從耶穌，孔子，穆罕默德，到馬丁路德，都沒能留給後世像毛筆字這般的真跡。好像只有摩西曾將十誡刻在石頭上。

　　星雲大師在中國佛教史和世界佛教史上都有其重要地位。研究中國書法史的學者也不能忽略他的成就和貢獻。

一筆字展場一隅

星雲大師與書法

　　符芝瑛的《傳燈》一書中記載：'跟在星雲身邊多年的人早知師父是座"活寶山"，近年又從他身上挖出另一項寶藏 ─ 書法。'[5]

　　為了感謝發心信眾，星雲利用零碎時間，寫一些佛門法語，與信徒結緣。他常謙稱祖上並非書香傳家，自己也從未練過字。只是從前常寫些海報對聯來佈置講堂，"我的字竟可以送人，更是想都沒有想過的事！"

---

[5] 符芝瑛，《傳燈 ─ 星雲大師傳》，台北天下文化出版公司，1995，頁 323

其實在 1980 年代,就有信徒供養紅包來換他的字。根據他的回憶:

說起寫字的因緣,大約是在 1980 年代,當時我在台北弘法,住在民權東路普門寺,寺裡正在舉行"梁皇寶懺"法會,因為四周圍很小,除了佛殿以外,其他都不容易有空間走動,於是我就坐在一個徒眾的位置上打發時間。剛巧,這個徒眾在桌上留有毛筆,墨水,硯台。我就順手在油印的白報紙上寫字。這時候有一位信徒,名字也記不得了,他走近我的身旁,悄悄地遞給我一個紅包。

我一向不大願意接受信徒給與紅包,因為在普門寺進出,就算是和信徒講話說法,也都是從後台進出,沒有和信徒有個別接觸。這一次,這位信徒終於找到機會從我身邊經過,把紅包遞給我。我打開一看,赫然十萬塊新台幣,"不該有這麼大的紅包吧!"我趕緊找人把他叫回來,要退還給他,他怎麼都不肯接受。

在那樣的情況下,拉扯也不好看,我就拿起我手邊剛寫好的一張紙,上面寫了:"信解行證"四個字,我就說:"好吧!這張紙就送給你。"我總想,應該有個禮尚往來才是。

得到這一張紙的信徒,他拿到佛堂裡面跟人炫耀,大概他向大家說是我剛才送給他的字,在那個佛殿裡大約有四百人在拜懺,聽到這件事。也想要跟我要求送他們幾個字,這位信徒就向大家說:"我是拿出十萬塊供養才有這張字的。"信徒們基於他們的信仰,平常對我除了聽法以外,也不容易建立關係,紛紛藉這個機會要求說:"我們也要出十萬塊錢,請大師送一張字給我們。"

因為信徒的盛情不好違背,第一天我就寫了四百多張,因為平常沒有練字,寫得我手疼,腰酸背痛。第二天,又是一場法會,也大約有四百人左右。聽到昨天的情況,又紛紛前來跟我要求一張字,也是以十萬元作為紅包供養。就這樣,我忽然收到好幾千萬,當時也記不清正確數字了。

我從小在寺院裡長大,沒有用錢的習慣,忽然有了這麼多錢,怎麼辦才好呢?我這一生,與其說我是一個和尚,不如說我是一個辦教育的人。那時,正好在美國洛杉磯準備要籌建西來大學,我就把慈莊法師找來說:「這些錢夠你去籌備了。」不管字好與不好,這是我第一次感覺到,我可以藉由寫字的因緣寫出一個西來大學來,也就鼓勵了我對寫字的信心。[6]

大師寫字的時候,佛在心中坐。而筆下物我兩忘的氣質,吸引許多人慕名來求墨寶,漸漸有了市價。一幅字捐給潘維剛的現代婦女基金會,義賣了新台幣一百萬元;佛光大學書畫義賣,第二梯次在台中舉行,他寫的「禪心之道」四個字,基隆的孫女士也以一百萬元高價買去。

大師寫的「禪心」,早年的和近年來寫的一筆字有些不同。

---

[6] 星雲大師,《一筆字的因緣》,頁 10-14

　　台南的一位議員,在一個義賣會場,出了六百萬標到一幅大師的字。他說在他窮愁潦倒的時候,聽到大師說法,立刻振作起來,逐漸走上成功之路。

　　不過,他眾多徒弟們收藏他的墨寶都是他用愛心贈送的。

　　還有一次,一位十二歲的小弟弟名叫王竝,在義賣會上出價一百元求一幅字,星雲大師毫不猶豫,欣然答應。[7]

　　星雲大師相信書法是教化勸善的有效工具,以文字般若來傳播禪悅法喜,數十年來未曾中斷。他將教化眾生的千言萬語,用毛筆濃縮進短短的幾個字。他的毛筆字無門無派,就字體來說,可分三類:

---

[7] 星雲大師,《一筆字的因緣》,頁 15-16

第一類是楷書。

例如工整的"和平","做好事;說好話;存好心"

第二類是行書。例如"不忘初心"

第三類是草書。例如潦草而更富藝術感的"無盡燈"（一筆字）

星雲大師努力推展太虛大師（1890-1947）所提倡的"人間佛教"。太虛呼籲將消極避世的佛教導入積極入世的道路；以出世的精神來做入世的事業。星雲大師說，人間佛教是佛陀的本懷，佛陀所有的教言無一不是以人為對象，可以說人間佛教就是佛陀本有的教化。因此星雲大師選擇寫市井小民都能認得的楷書和行書。他的草書也與行書較為接近，並非狂草。不妨說書法是佛光山人間佛教這一個系統工程的重要環節，也是"星雲模式"裡最亮麗的一部分。[8]

---

[8] 最先提到"星雲模式"一辭的是《法音》主編淨慧法師，見滿義法師，《星雲模式的人間佛教》，台北天下遠見，2005。

在網站上,他的徒眾將他的墨蹟分為三類:春節祝福語,覺有情,和一筆字。總的來說,還是以弘法勸善為主要目的。既可傳揚佛法,提倡中華文化,又可啟發大家,並加持祝福。

循循善誘的智慧結晶,讓人放在相框裡掛在牆上。聽過大師說教或看過大師著作的人,每天在家裡看到他的字,就想起他說的話,反覆思量,細細品味,冷靜反省,對自己的品德言行都獲益匪淺。這些字讓很多人的善行遍布人間,確實大大提昇了世道人心。

星雲大師的筆墨教化

星雲大師勸人觀照自己的心:"道在心中""觀照自在"

大師說:"心中要有根,才能開花結果;心中要有願,才能成就事業;心中要有理,才能走遍天下;心中要有主,才能立處皆真;心中要有德,才能涵容萬物;心中要有道,才能擁有一切。"

"心如大地"---"心包太虛,量周沙界。無所不包,無所不含。""恕道仁心""心海明月""心有情義""法水流心""志道恆心""心法藥方"

以筆墨弘揚佛法：星雲大師與弘一大師

心存情義

心懷歲月

心無罣礙

心法藥方

志遠情長

隨水流心

無邊仁心

大師更強調"覺":

"三覺具足" "正遍覺海"

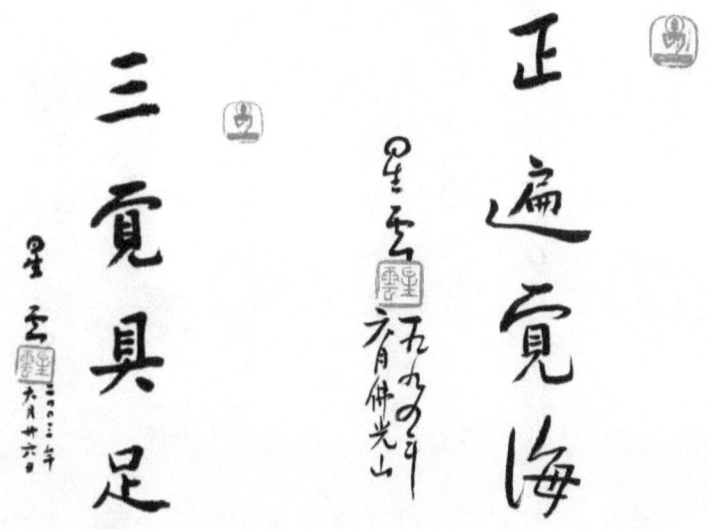

"不怕念起 只怕覺遲 念起是病 不續是藥"（一筆字）

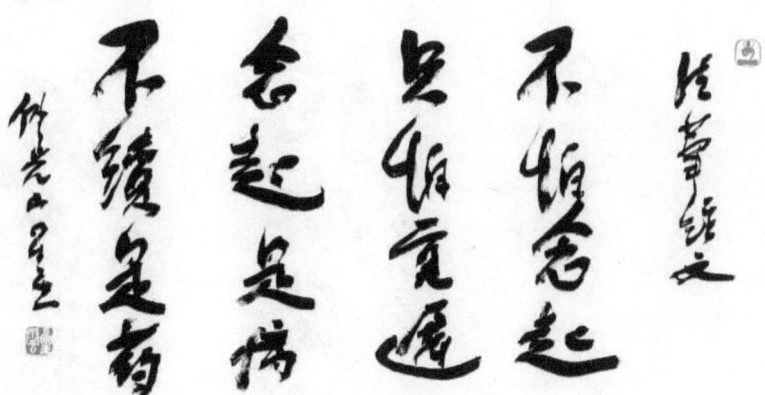

大師說:"能幹的人,不在情緒上計較,只在做事上認真;無能的人,不在做事上認真,只在情緒上計較。"

他寫的勵志的有：

"心想事成""一心不二"

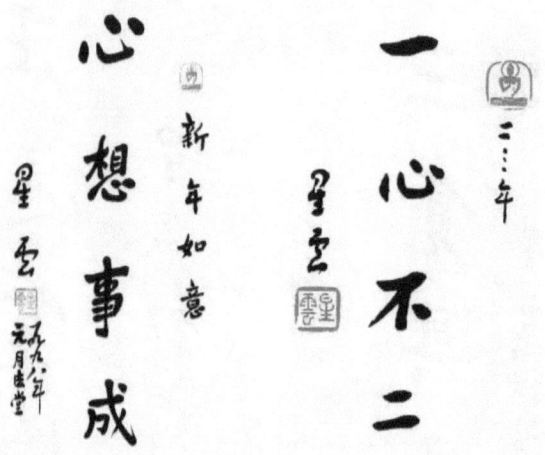

大師說："失敗者，往往是熱度只有五分鐘的人；成功者，往往是堅持到最後的人。"

"慈香十方""法水潤生""活出希望"（一筆字）

他勸人謙虛為懷,放寬氣量。大眾第一,自己第二:

"海納百川"(一筆字)"有容乃大"

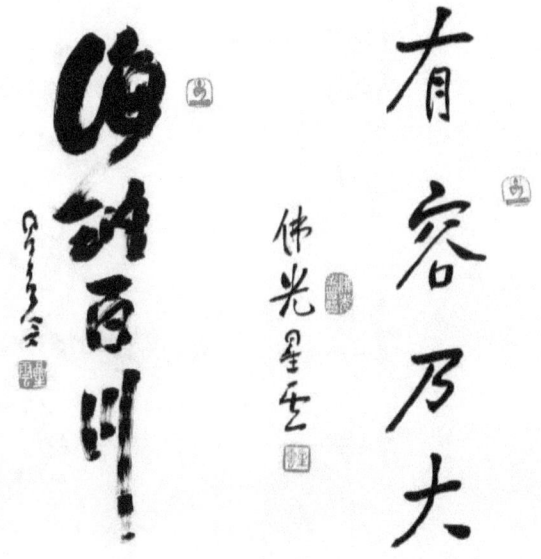

"溫和恭謙"

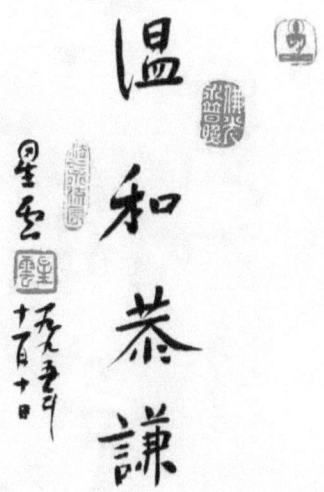

"滿懷謙沖" "淡泊人生"（一筆字）

"大海量"

大師提倡"三好"運動,三好就是"做好事,說好話,存好心"。他勸人說好話:

"良言一句三冬暖""有您真好"(一筆字)

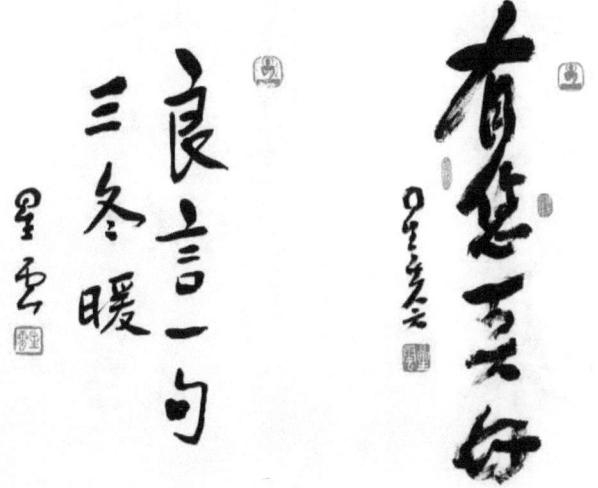

他勸人做好事,知足隨緣:"享有就好""三好福田"(一筆字)

"好心好報"（一筆字）"慈心仁德"

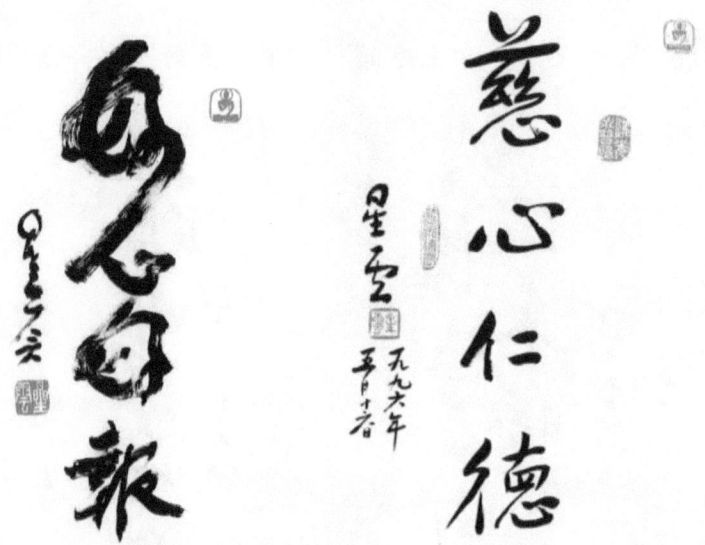

他勸人存好心："慈和共住" "與人為善"（一筆字）

他勸人反省自己:"知愧"(一筆字)

知愧

大師勸人要"給人信心,給人歡喜,給人希望,給人方便。"

墨寶中有歌頌松竹的:

"人憐竹節生來瘦　松稱高枝老更剛"

"紅塵白浪兩茫茫，忍辱柔和是妙方。
到處隨緣延歲月，終身安份度時光。"
（憨山大師語）

他勸人在等待的日子裡,刻苦讀書,謙卑做人,養得深根,日後才能枝葉茂盛。他說:"只要有根,當春雷驚蟄,就能頂天立地,枝繁茂盛;只要有翼,當秋風吹起,就能展翅上揚,探索碧空。"

他勸人以有恆心行佛道:

"依於恆毅行佛道　心在隆盛有菩提"

第一部分:星雲大師的無盡燈

"依於有恆 心住昌隆"

"佛"(一筆字)

"義正道慈"（佛光大學校訓）

富有禪意的是：

"禪" "行禪"（一筆字）"雲水三千" "傳燈三千"

"天上天下無如佛，十方世界亦無比，
世間所有我盡見，一切無有如佛者"
（一筆字）

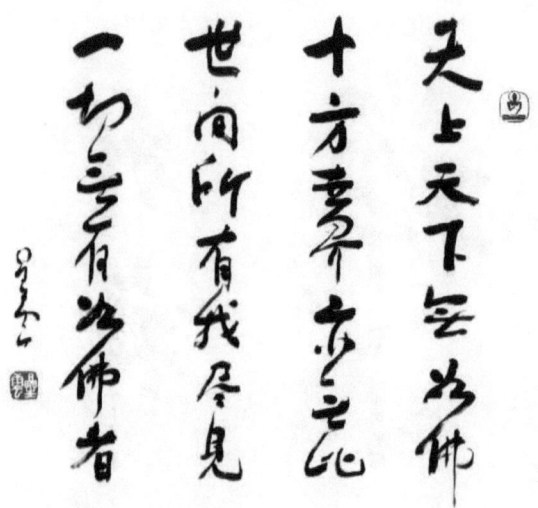

大師說：只要有心，從大自然中，可以聽到真理的聲音。

"道無古今　悟在當下"

第一部分：星雲大師的無盡燈

"無了能了"

"常樂柔和忍辱法　安住慈悲喜捨中"

常樂柔和忍辱法
安住慈悲喜捨中

佛光　星雲
七十五年青廿三日

第一部分：星雲大師的無盡燈

同樣字的一筆字

"常樂柔和忍辱法　安住慈悲喜捨中"

大師說："無言，心心相印，是談話最高藝術；無相，事事默契，是做事最高境界。"他寫了"無言"和"默然"。

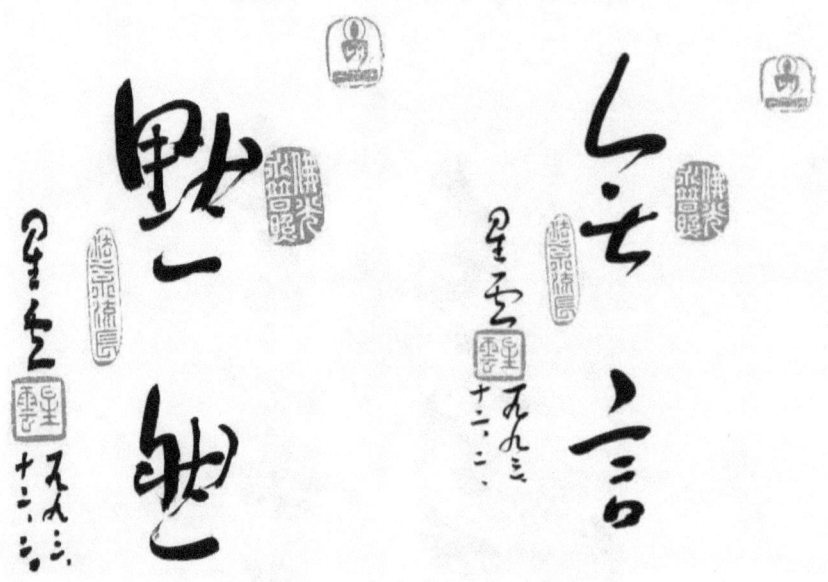

給他受戒的徒弟們，大師喜歡寫"法同舍"。意思是大家同以佛法為家，住在佛法的家庭裡，在真理中共度一生。

大師還寫了'十修歌'：

一修人我不計較，二修彼此不比較，三修處事有禮貌，

四修見人要微笑，五修吃虧不要緊，六修待人要厚道，

七修內心無煩惱，八修口中多說好，九修所交皆君子，

十修大家成佛道。若是人人能十修，佛國淨土樂逍遙。

"無盡藏"是為南華大學圖書館寫的

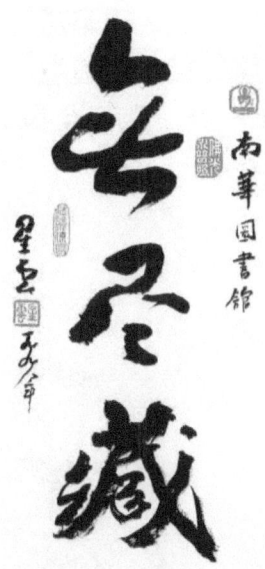

"佛地人多心甚閑;日看飛禽自往還;
有求怎如無求好,進步那有退步高。"

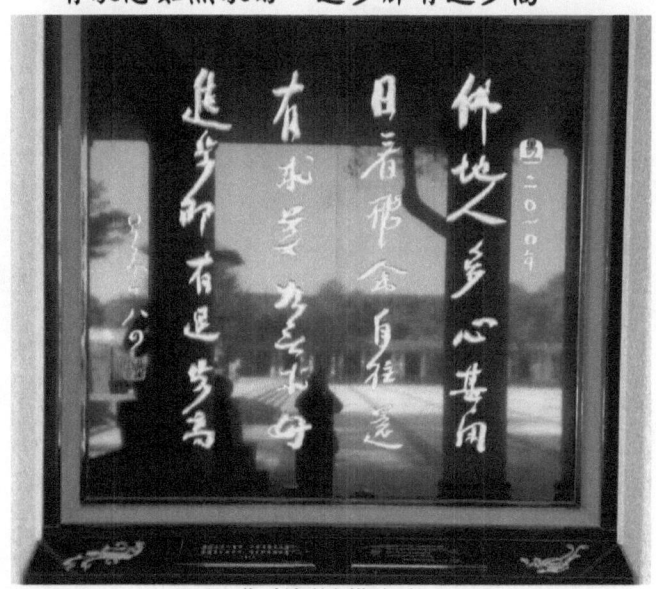

作者攝於佛光山

　　星雲大師在佛光山建廟的過程就是"真空生妙有"。以零為起點,以無盡為終點。大師帶著徒弟,在麻竹園的一片沒水沒電沒人的地方,披荊斬棘,千辛萬苦,全力以赴,建造了今天雄偉壯觀,莊嚴肅穆的佛光山道場。廟宇殿閣,雕塑花木的配置與自然環境融為一體。這完全是大師用他的禪心來設計的,真的是"一花一界　一人一佛"。(一筆字)

　　星雲大師曾經親題:

　　　　"十方來,十方去,共成十方事;

　　　　萬人修,萬人捨,同結萬人緣。"

在佛光山道場的基礎奠定以後,星雲大師決定交棒給徒弟心平法師。1985 年九月舉行隆重的傳法儀式,這也是佛教寺廟制度上的大改革,使得寺廟住持有任期,而不是終身職位。星雲大師在退位以後,努力發展海外道場和學校,成就佛光普照五大洲的志業。

大師點出退位十年的心情:

> 手把青秧插滿田,低頭便見水中天;
> 身心清淨方為道,退步原來是向前。
> （唐布袋和尚詩）

一筆字的由來

星雲大師患糖尿病,視力受影響,寫字時也會雙手發抖,但他堅持要用筆墨和眾生溝通。於是首創"一筆字"。那就是提筆沾墨以後,一幅字以一筆寫成,中間沒有停頓。他的經驗是:如果停頓,就會因視力模糊而看不清,無法繼續寫下去。

2009 年,他說出他的經驗:假如前一個晚上睡眠品質好,身體狀況不錯,尤其空氣新鮮,光線充足,讓人心情穩定,那麼,這一天就會寫的得心應手。[9]

大師自己說:

說起這個因緣,還是拜疾病所賜。我受多年糖尿病的影響,眼底完全鈣化,沒有醫好的可能。因為眼睛看不清楚,不能看

---

[9] 星雲大師,《一筆字的因緣》,新北市香海文化公司,2018,頁 32

書,也不能看報紙,那做什麼事好呢?想到一些讀者經常要我簽名,有些朋友,團體也會要我簽署,寫字,"那就寫字吧!"

"一筆字"的名稱也是大師自己敲定的:"由於眼睛看不到,我只能算好字與字之間的距離有多大的空間,一沾墨就要一揮而就。如果一筆寫不完,第二筆要下在那裡,就不知道要從什麼地方開始了。只有憑著心裡的衡量,不管要寫的這句話有多少字,都要一筆完成,才能達到目標,我就姑且將它定名為"一筆字"。"

一筆字有其獨特風格,大師提筆寫來,行雲流水,一氣呵成。根據《遠見》雜誌 2013 年 12 月的報導,大師當年 87 歲,每日寫字。從不間斷。一遇空閒的時間,就馬上提筆,一次寫上 50 張左右,每天的作品超過一百張。大師寫字也是一種修行,而且功德無量。

除了以一筆字來和人們結緣,還可以幫助充實公益基金,來為社會服務。星雲大師說:"可以為"公益信託教育基金"增加善款,為社會的公益服務永續經營,為所有捐獻的人祈福,也希望信徒把我的一瓣心香帶回家,那就是我的虔誠祝福了。"

西來大學就是用他寫字募得的款項,來成立的一所大學。大師說:"我能藉由寫字的因緣,寫出一個西來大學來,也就鼓勵了我對寫字的信心。"二十年後,西來大學已是美國第一所由中國人創辦的,獲得美國西區大學聯盟(WASC)認證的大學。此後又在澳洲設立南天大學,在菲律賓設光明大學。而先前設在台灣宜蘭的佛光大學和嘉義的南華大學也有欣欣向榮的氣象,要支持這幾所大學的營運,維護和發展真的很不容易。

星雲大師是地球人

大師原籍揚州,創建佛光山於台灣,又在亞洲,美洲和澳洲建立大學,還有遍佈全球的佛光會。在大陸,人稱他為台灣人,在台灣,人稱他為外省人,而星雲大師悠遊四海,自稱地球人。

地球人的信念是 "世界和平,天下一家"。(一筆字)

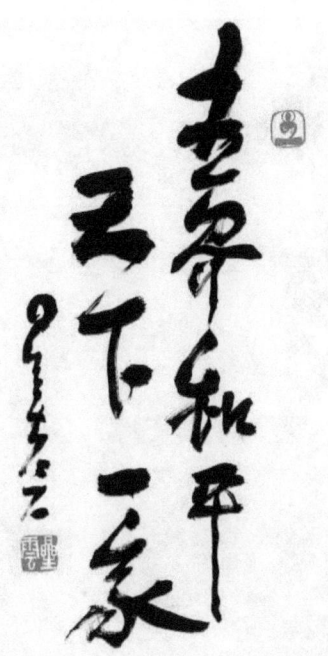

他強調以慈悲心同體共生,以歡喜心尊重包容,則日月星辰,山河大地,風霜雨露,花草樹木,蟲魚鳥獸,乃至法界眾生,一切宇宙萬有皆能涵容接納,和平相處。

大師在日記中寫道：

> 心懷度眾慈悲願，身似法海不繫舟；
> 問我平生何功德，佛光普照五大洲。

"度眾"是他的慈悲願，也刻在佛陀紀念館的牆上：

> 眾生無邊誓願度，煩惱無盡誓願斷；
> 法力無量誓願學，佛道無上誓願成。

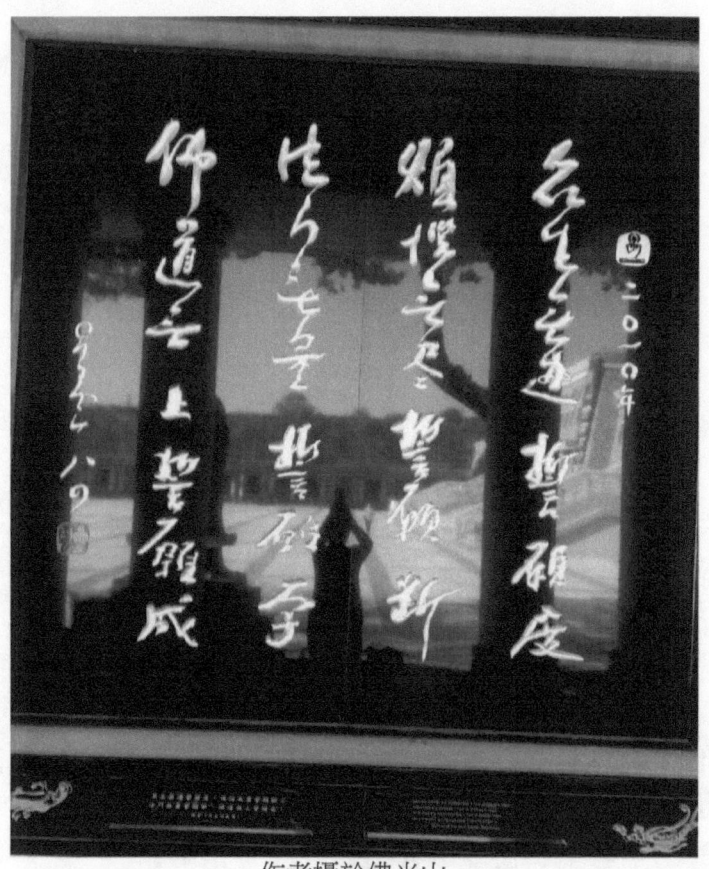

作者攝於佛光山

新年祝賀字

　　1996 年,有位信徒請大師為他過年寫幾個字,表示對新年的祝福。大師覺得很有意義,就提筆在紅紙上寫了"平安吉祥"四個字。弟子們拿去印刷廠印了許多份,供不應求。

　　從 1996 年底開始,大師每年都用紅紙寫四個或八個吉祥的字,為眾生祝福,與眾生結緣。1996 年印發共約 20 萬份,現在每年印發超過一百萬份,流傳全世界,張貼遍全球。

祥和歡喜(1997)圓滿自在(1998)妙心吉祥(2003)

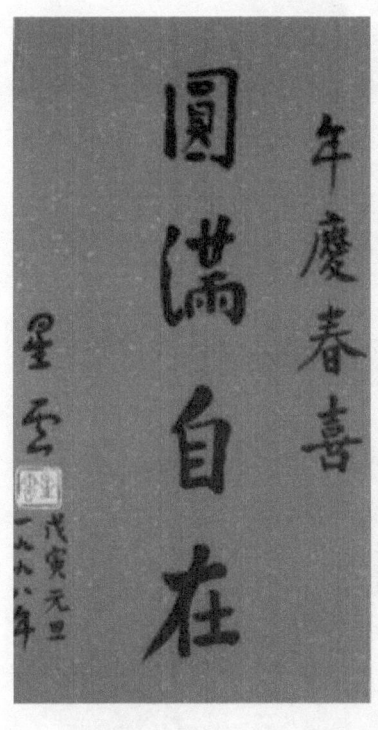
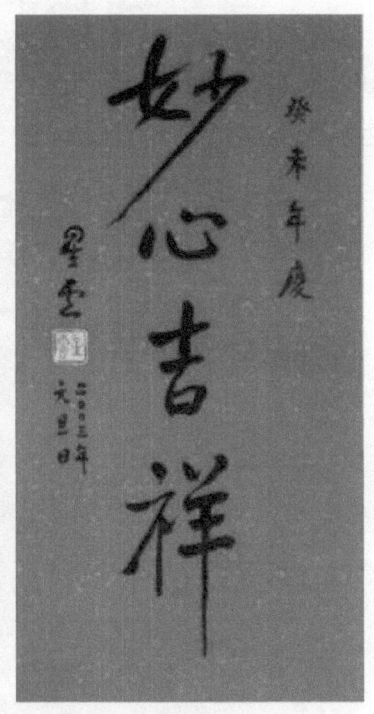

安樂富有(1999)千喜萬福(2000)
世紀生春(2001)善緣好運(2002)

身心自在（2004）共生吉祥（2005）

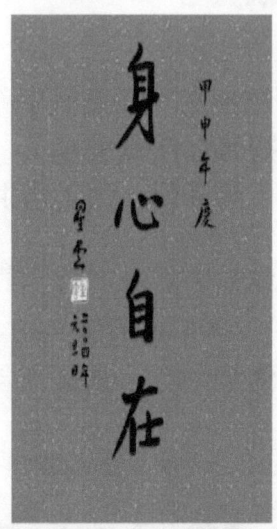
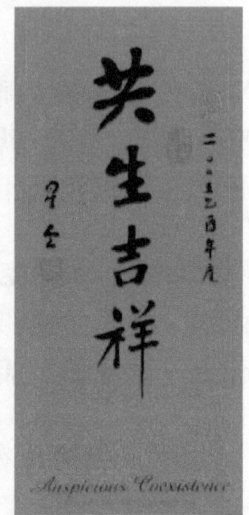

春來福到（2006）諸事圓滿（2007）子德芬芳‧眾緣和諧（2008）生耕致富（2009 牛年；"生耕"而不用"深耕"有深意焉。"生"的意思是生命要生存，要生活，必須要耕耘。）

威德福海（2010）諸事吉祥（2019 豬年）
巧智慧心（2011）龍天護佑（2012）

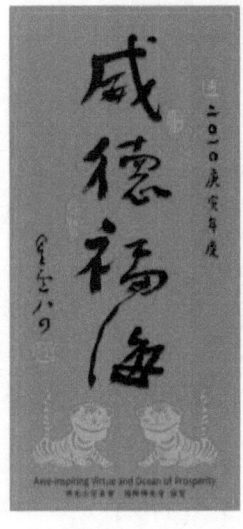
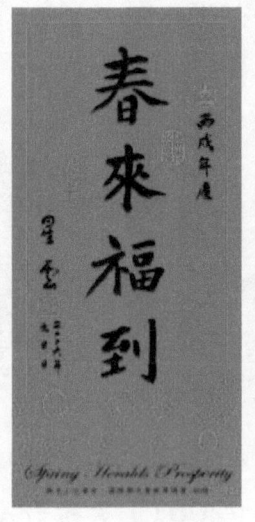
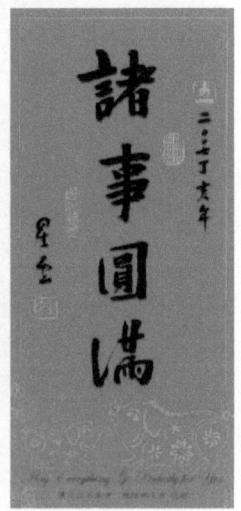

第一部分：星雲大師的無盡燈 55

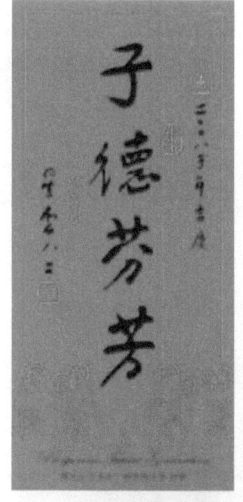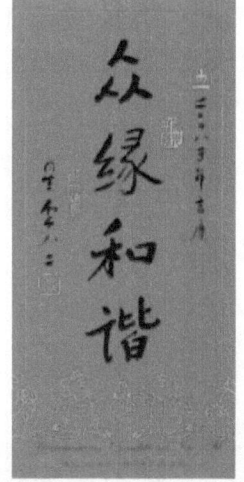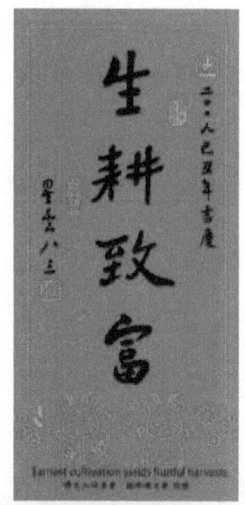

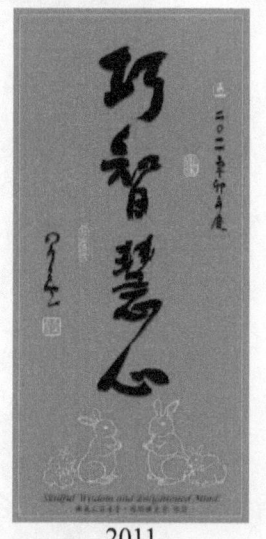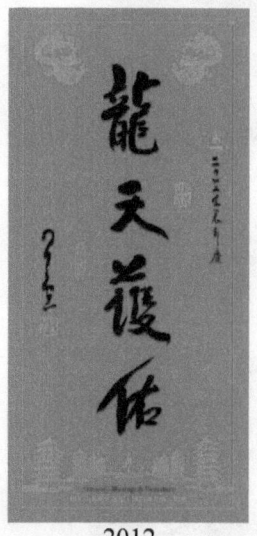

2011　　　　　　　　　　　2012

　　從美學的觀點來看，他二十多年前寫的同樣的字也許更圓潤，更對稱，更工整。可是佛光山的比丘尼對我說，現在的一筆字才是最好的，因為這是大師眼睛看不見，完全用"心"來寫的。大師的一片苦心讓人感動不已。

徒眾時常提醒大師："師父辛苦了,請休息,明天再寫吧!"大師總是這麼回答:"不要叫我休息,我不知道還能寫多少,能寫,就多寫。"

曲直向前 福慧雙全(2013)駿程萬里(2014)三陽和諧(2015)
聰明靈巧（2016）名聲天曉（2017）忠義傳家（2018）

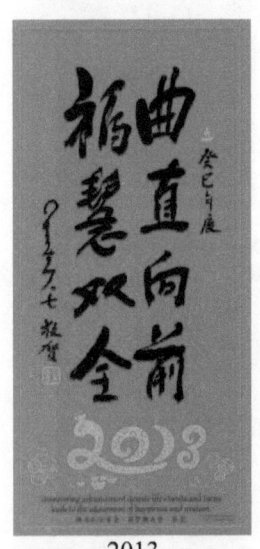

2013

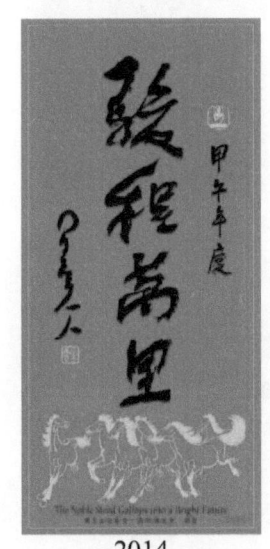

2014

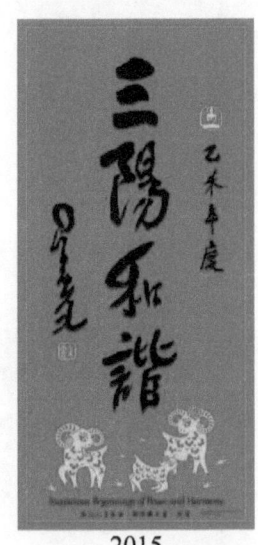

2015

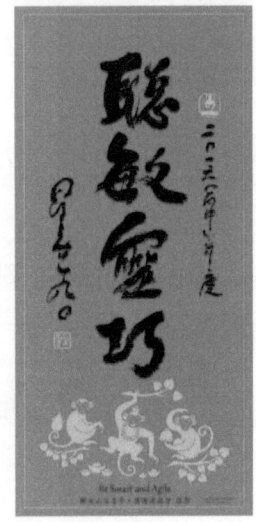

2016

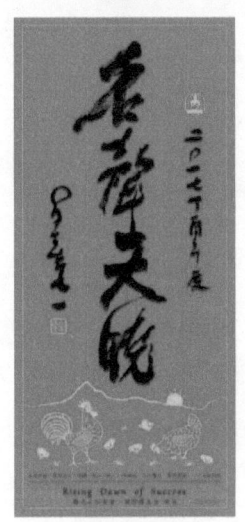

2017

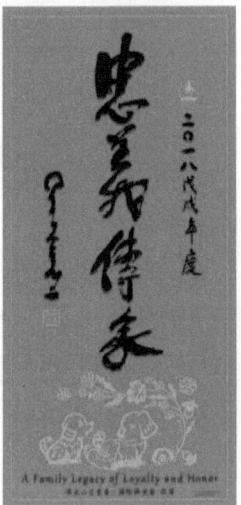

2018

大師謙虛地說自己的字並不好看,要大家不要看他的字,而是要看他的心。他說:"我心裡還有一點慈悲心,可以給你們看。"他從出家以後,一路走來,千辛萬苦,披荊斬棘,自己一直過著簡樸的生活,時時為人間的眾生著想,始終不忘初心。

他的一幅字,一個念頭。

字如行雲,透徹人心

感動剎那,即是永恆

海納百川,源源不絕

大師鼓勵信徒抄經,這也是一種修練。

靜心寫經

一、抄經程序
1. 正心端坐,雙手合掌。
   南無本師釋迦牟尼佛(三稱)
   〈開經偈〉
   無上甚深微妙法,百千萬劫難遭遇;
   我今見聞得受持,願解如來真實義。
2. 開始抄經
3. 抄經結束,合掌稱念〈佛光四句偈〉
   慈悲喜捨遍法界,惜福結緣利人天;
   禪淨戒行平等忍,慚愧感恩大願心。

二、抄經利益
1. 抄經以虔誠恭敬心,持之以恆,日積月累,必有不可思議之收穫。
2. 抄寫時,意識集中,可消除雜念,心平氣和。
3. 以字練心,抄經定心,抄經開發智慧。

三、抄經說明
1. 以臨摹抄寫。
2. 抄經完成,抄經紙可贈人或自行留存。

眾生平等

在佛光山遇見的幾位比丘尼,對師父眾生平等的信念十分感激。大師對學生中的比丘與比丘尼一律平等看待,絕無歧視女性的心態。她們建議我去看大佛前兩側羅漢雕像中的三位女羅漢。還說:"你研究中國婦女歷史,不能忽略這一點。"

在佛光山佛陀紀念館前的廣場上,樹有十八尊石頭的羅漢雕像,其中有三尊是女羅漢 --- 大愛道,蓮華色和妙賢。這可算是佛教寺廟中的創舉。這是因為大師相信佛法之前,眾生平等。他說過:凡人不分貧富貴賤,男女老少,都能透過自身修行,開悟成佛。

眾生平等,說來簡單,做來不易。一千多年來,修行的比丘尼都住尼庵,比丘皆住寺廟。鮮有男僧女尼同住一廟的。就像二十世紀初,男女同校備受攻擊,現在已沒有人反對了。當年北京大學設立以後,女生不敢去申請入學。開明的北京大學教授胡適說,沒聽說過大學有女禁啊,於是女生就進了北京大學做旁聽生。

大師擇善固執,不畏人言,清者自清,濁者自濁。現在佛光山有許多比丘尼學養俱佳,非常優秀,在世界各地主持禪修中心,或在大學從事教學,或從事行政管理,任勞任怨,讓佛光普照五大洲。

世界佛教會原是女性的禁地。但在大師的支持下,慈惠法師被提名後,一致通過擔任世界佛教徒友誼會的副會長。這是世界佛教史上比丘尼平等地位的一項大改革。

蓮華色比丘尼

從中國寺廟制度上來說,星雲大師的做法是深具革命性的。僅此一端,大師就可說是中國佛教史上的改革家了。這也是開佛教新運的一項重要措施。而像筆者這樣研究中國婦女史的,的確不能忽略星雲大師在這方面的貢獻。

大師曾寫道：

"是法平等 無有高下"這就是他的信念，他的堅持。

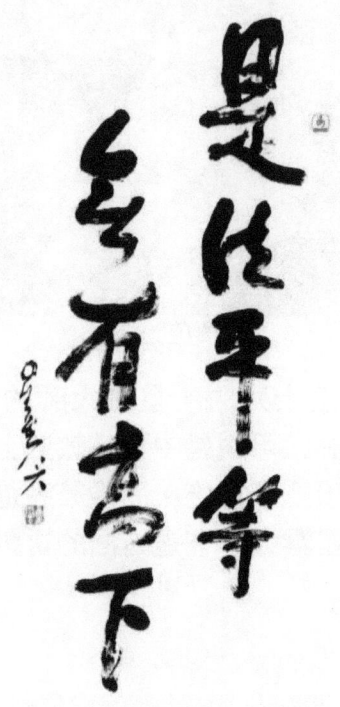

星雲大師還曾說過這樣的故事：

有位師父帶著徒弟化緣回去，途徑一處渡口，因大雨將便橋沖毀，見一個年輕村姑無法過河，焦急萬分。師父就背負村姑過河，一上岸就放下了。幾天後，徒弟忍不住問師父說：佛門講究清淨，"男女授受不親"是不可以的。那天你為什麼背村姑過河？師父聞言爽朗地笑道：徒弟啊徒弟，你心中的包袱壓得自己好苦喲！那天師父背村姑過河，過了河就放下了；你雖然沒有背村姑，但是你心中一直到現在還沒有將村姑放下呀！

大師也說："好事要提得起，是非要放得下。"

筆墨善緣

當大師在 2007 年二度去看四川的大足石刻,感念偉大的佛教藝術遺跡,心中思潮起伏,遂當場揮筆,寫下"大足天下"四字。

2009 年,大師參拜洛陽白馬寺,寫了"華夏首剎",來向中國第一寺廟致敬。

河南鄭州建了一個世界上最高的大佛,他看到高山上偉岸的佛陀,慈悲法水隨著滾滾黃河滋潤著中原大地,就提筆寫了"中原大佛"。結果這尊原來稱為"天瑞大佛"的佛像,居然改名為"中原大佛"了。

大師去東北,到錦州八王子寺,忽然看到他寫的"大法寺"三字高高掛著。大師忙忙碌碌,竟記不得是什麼時候幫他們寫的。[10]

大師那些供不應求的字,不僅出現在相框裡,還出現在花瓶上,檯燈上,項鍊上,別針上,掛飾上,手提包上,公文夾上,紅包上,原子筆上,衣服上。無法在此一一列舉。在佛光山的文物流通處裡,讓人目不暇接。例如"**不忘初心**"。

[10] 星雲大師,《一筆字的因緣》,頁 20-22.

佛光普照

現在大師那些供不應求的字,不僅出現在台灣,還飄洋過海到世界各地展覽。自 2009 年起,大師的一筆字書法已經在十幾個國家展出,包括美國,加拿大,中國大陸,香港,印度,馬來西亞,新加坡,菲律賓,日本,澳洲,紐西蘭,法國,德國,比利時,荷蘭,非洲等。2019 年六月,在紐約市的林肯中心展出 40 幅。無盡燈的佛光已照亮全球。

試問:以一位 96 歲高齡,雙目幾乎失明的高僧,每天仍努力為眾生寫字來弘法勸善祝福,這個地球上有多少人能做得到?筆者僅以兩行字來作為本文的結論:

墨寶點亮無盡燈　佛光普照五大洲

佛光山佛陀紀念館佛光大佛（作者攝）

參考書目

- 符芝瑛，《傳燈 － 星雲大師傳》，台北天下遠見出版公司，1995
- 國立歷史博物館編輯委員會，《雲水天下：星雲大師一筆字書法》，台北歷史博物館，2011
- 陸震廷及劉舫，《我們認識的星雲大師》，台北采風出版社，1987
- 星雲大師，《星雲大師一筆字》，初版，高雄佛光文化出版，2019
- 滿義法師，《星雲模式的人間佛教》，台北天下遠見出版公司，2005
- 星雲大師，《一筆字的因緣》，新北市香海文化公司，2018
- 《覺有情—星雲大師墨跡展特刊》，佛光山，2005
- 釋如常主編，《覺有情：星雲大師墨蹟》，兩冊，高雄佛光山文教基金會，2005
- 釋如常，《非一般紙筆墨—看星雲大師一筆字認識中國書法》，高雄佛光山文教基金會，2020
- 星雲大師，《一筆字》，福報文化，卡片版
- 星雲大師，《星雲大師開示語》，二冊，台北圓神出版社，1992
- 《星雲禪話》，1-6集，台北台視文化公司，1990
- 朱守道，《書法史話》，台北國家出版社，2003
- Chiang Yee, Chinese Calligraphy, Harvard University Press, 1963; First printed in 1938 in London: Butler and Tanner LTD.

第二部分：弘一大師 字以人傳

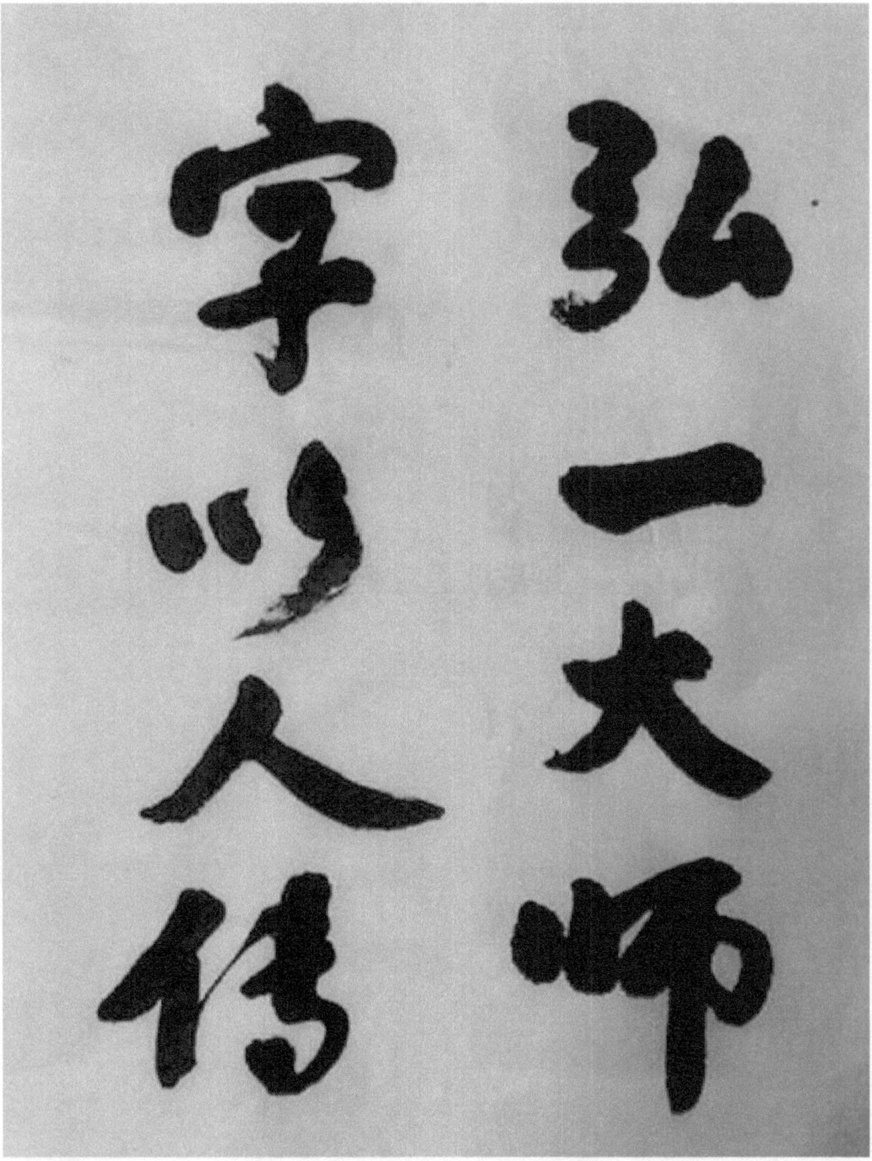

一代才子

弘一大師本名李叔同（1880-1942），幼名成蹊，字息霜，學名廣侯，又名李岸，李良，李息翁，譜名文濤，別號漱筒，晚晴老人，又有法名演音及一音。祖籍浙江，生於天津富有的鹽商家庭。李叔同是著名音樂家，美術教育家，書法家，劇作家。多才多藝。是中國話劇的開拓者之一。他的前半生是風流才子，後半生是世外高僧。

弘一大師李叔同

他曾留學日本，歸國後，擔任教師及編輯等職務。1913年，受聘為浙江兩級師範學校音樂與圖畫教師。1915年起，兼任南京高等師範學校音樂與圖畫教師。1914年，大師加入西泠印社，與吳昌碩，馬一浮等熟識。大師並組織"樂石社"，從事金石研究與創作。

大師在音樂方面有很高的造詣，他既能寫詞，也能作曲。大師曾為南京大學第一首校歌譜曲。又根據美國的一首歌寫了很受歡迎的，"長亭外，古道邊，芳草碧連天"的"送別"（1914年作）。出家後寫了太虛大師作詞的"三寶歌"。

弘一大師八歲就開始從常雲莊學習書法金石。十三歲學習歷朝書法，以魏碑為主，這樣小小年紀，毛筆字在家鄉已經小有名氣。後來夏丏尊將大師在俗時所臨各種碑帖出版，名《李息翁臨古法書》，由上海開明書店印行。

寫字以篆書入手

大師在小小年紀就學習篆書和金石，他也勸人學寫字由篆書入手。原因是：

可以順便研究《說文》，對於文字學，便可以有一點常識了。因為一個字一個字都有它的來源，並不是憑空虛構的，關於一筆一畫，都不能隨隨便便亂寫的。若不學篆書，不研究《說文》，對於字學及文字的起源就不能明白 --- 簡直可以說是不認得字啊！所以寫字若由篆書入手，不但寫字會進步，而且也很有興味的。

能寫篆字以後,再學楷書,寫字時一筆一畫,也就不會寫錯的了……我們若先學會了篆書,再寫楷字時,那就可以免掉很多錯誤……學會了篆字之後,對於寫隸書,楷書,行書都很容易---因為篆書是各種寫字根本。

許霏說大師所作篆書,"氣息古厚,骨力挺秀,但出家後已不多做。"[11]

下面是大師用篆書寫的"南無阿彌陀佛"。

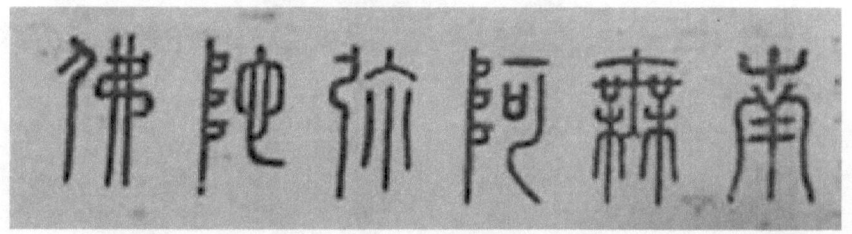

大師進一步指導後進,"若要寫篆書的話,可先參看《說文》這一類的書。有一部清人吳大澂的《說文部首》,那不可缺少的。"篆書外,還要寫大楷,中楷和小楷。隸書和行書也都要寫。一切碑帖也都要讀,至少要瀏覽一下。"照以上的方法學了一個時期以後,才可專寫一種或專寫一體。這是由博而約的方法。"[12]

---

[11] 姜丹書等,《弘一大師永懷集》,台北新文豐出版公司,1974,頁216。
[12] 吳福輝,陳子善編,李叔同著,《送別——我在西湖出家的經過》,上海復旦大學出版社,2006,頁179-180。

"佛"（一幅）（大楷）

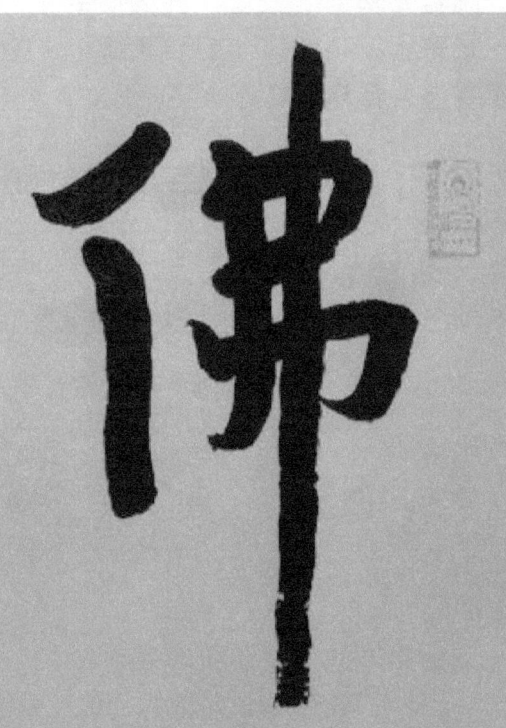

"禪"

下方有小楷的"坐亦禪／行亦禪／一花一世界／一葉一如來"

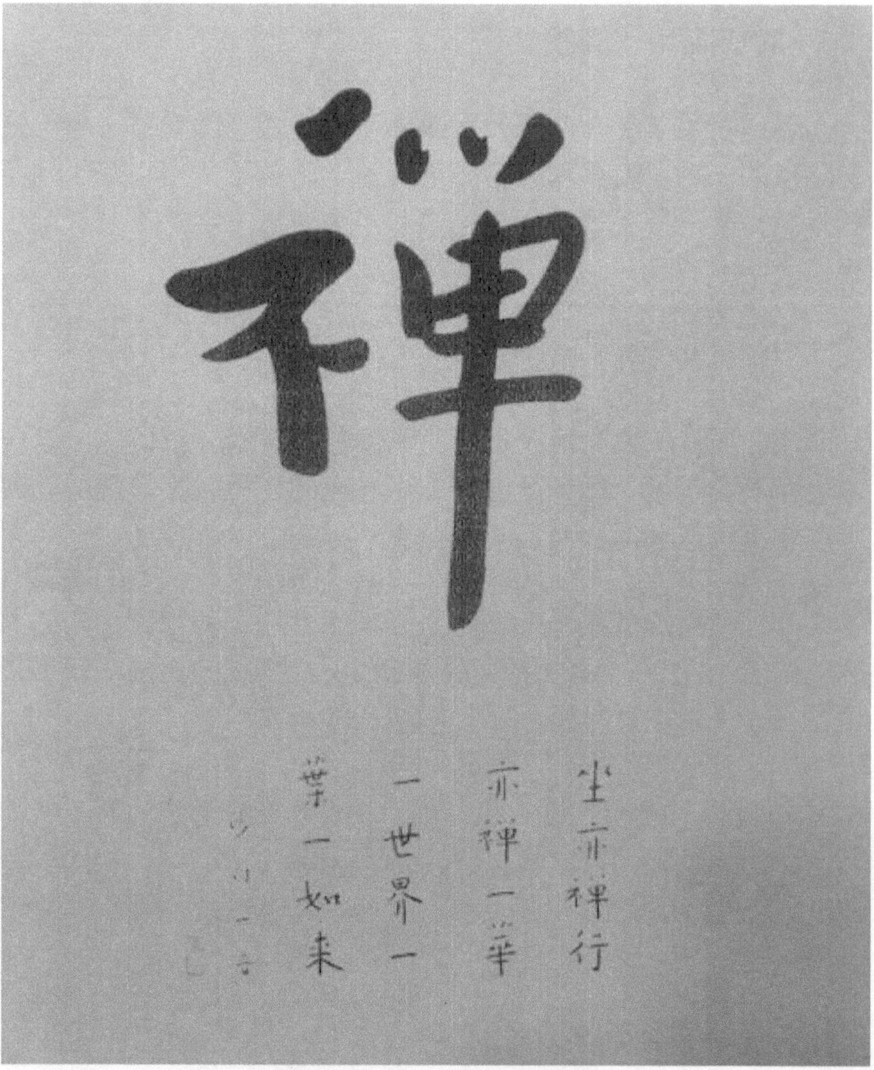

筆和紙

關於用筆,大師說:

普通是用羊毫,紫毫及狼毫亦可用,並不限定那一種。最要注意的一點,就是寫大字須用大筆,千萬不要用小筆!用小的筆寫大字,那是很錯誤的。寧可用大筆寫小字,不可以用小筆寫大字。

用紙也要注意。大師說:

市上所售的油光紙是很便宜的,但太光滑,很難寫。若用本地所產的粗紙,就無此毛病的了。我的意思:高年級的同學可用粗紙,低年級的可用油光紙。

此地所用的有格子的紙,是不大適合的,和我們從前的九宮格的紙不同。以我的習慣而論,我用九宮格的方法,就不是這個樣子。現在畫在下面,並說明我的用法:

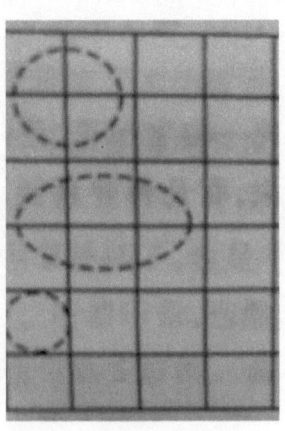

寫大楷時用

寫篆字時用

寫中楷時用

若用這種格子的紙,寫起字來,是很方便的。這樣一來,每個字都有規矩繩墨可守的。如寫大楷時,兩線相交的地方,成了一個十字形,就不致上下左右不相對稱了。要曉得:寫字總不能隨隨便便。每個字的地位要很正,要不偏左不偏右,不上不下,要有一定的標準。因為線有中心點,初學時注意此線,則寫起來,自然會適中,很"落位"了。

寫字要注意的幾點

平常寫字時,寫這個字,眼睛專看這個字,其餘的字就不管,這也是不對的。因為上面的字,與下面的字都有關係的----即全部分的字,不論上下左右,都須連貫才可以。這一點很要緊,須十分注意……因為寫字要使全體都能夠配合,不能單就每個字去看的。

再有一點須注意的: 當我們寫字的時候,切不可倚在桌上,須使腕高高地懸起來,才可以運用如意。

寫中楷懸腕固好,假如肘部要倚著,那也無妨。至於小楷,則可以倚在桌上,不必懸腕的。[13]

---

[13] 吳福輝,陳子善編,李叔同著,《送別──我在西湖出家的經過》,上海復旦大學出版社,2006,頁 180-182

出家為僧

　　杭州是佛地，民國初年的時候，寺廟有兩千多所。有一次，他和夏丏尊喝茶，夏先生說："像我們這種人出家做和尚倒是很好的。"大師說這可說是他出家的遠因。

"放下"一幅

　　1916 年夏天，大師看到日本雜誌中，有篇文章說斷食療法可以治療各種疾病。他那時正患神經衰弱症，就想找個清靜的住所來試驗一下。朋友建議他去虎跑寺，他就在冬天住進方丈住處樓下的一間房。有位住在樓上的出家人常在他窗戶前走過，攀談以後十分投緣，出家人拿佛經給他看。他很喜歡出家人的生活，而且非常羨慕。他也喜歡那裡的素食，次年，他就發心吃素了。大師說，在虎跑寺的半個多月，是他出家的近因。

此生不向今生度／更向何生度此身

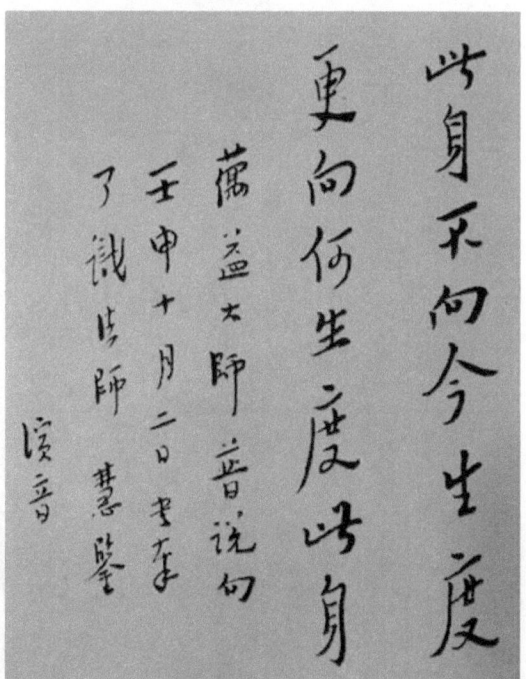

弘一大師受馬一浮（1883-1967）的影響，對佛教教義興趣濃厚。馬一浮是紹興人，是儒釋哲一代宗師。一說弘一大師深入研究佛教戒律也是受了他的影響。大師重視戒律，他教導學僧說："受戒之後，若不持戒，所犯的罪，比不受戒的人要加倍的大。"

所以必須"以戒為師"

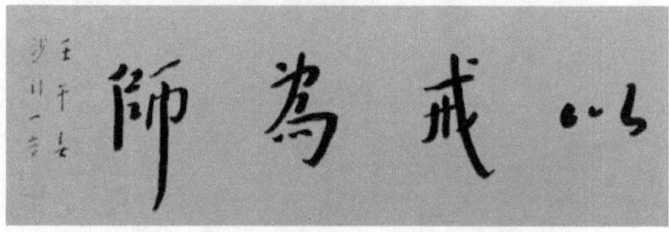

他看破紅塵，一心向佛。（南無阿彌陀佛）

1918年，拜了悟和尚為師，作其在家弟子。繼入虎跑定慧寺正式出家。入靈隱寺，從慧明法師受比丘戒。剃度為僧，法名演音，號弘一。他立志獻身普度眾生。

寫了"不為自己求安樂 但願眾生得離苦"

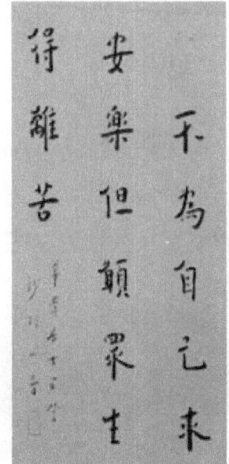

寫了"我當於一切眾生猶如慈母"

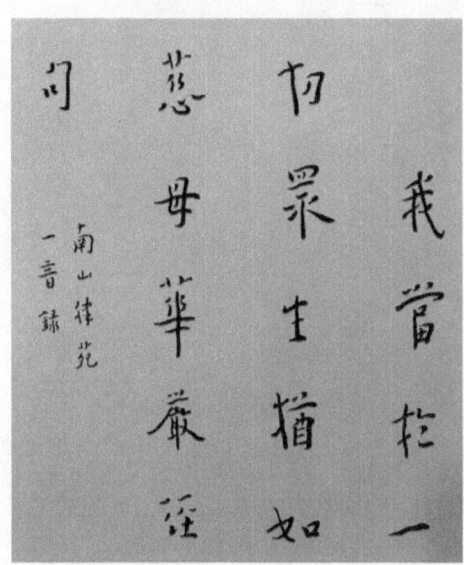

大師遁入空門後，由燦爛歸於平淡，放棄了許多愛好和技藝，惟獨書法，他始終沒有中斷。[14] 其實他在受戒後，對於寫毛筆字也曾猶豫。在他赴嘉興精嚴寺小住時，許多知其俗名者，紛紛前來求得墨寶。當時大師頗感為難，他對范古農居士說："已棄舊業，寧可作乎？"范居士答道："若能以佛語書寫，令人喜見，以種淨因，亦佛事也，庸何傷！"弘一法師覺得很有道理。[15]

弘一法師寫道："夫耽樂書術，增長放逸，佛所深戒。然研習之者能盡其美，以是書寫佛典，流傳於世，令諸眾生歡喜受持，自利利他，同趣佛道，非無益也。" [16]

---

[14] 一說大師出家後也偶爾作曲和繪畫，隨緣便是。據王平山說，大師曾畫蓮虎圖給幫忙雜務的邱文珍，又曾畫梅花給靈瑞山住持僧的兒子劉金泉，均不存。 陳星，《芳草碧連天——弘一大師傳》，台北業強，1994，頁 195
[15] 陳星，《芳草碧連天——弘一大師傳》，台北業強，1994，頁 127
[16] 李叔同，"《李息翁臨古法書》序"，吳福輝，陳子善主編，李叔同著，《送別——我在西湖出家的經過》，上海復旦大學出版社，2006，頁 146.

日寇侵華，國難當前，弘一法師愛國不後人。曾說："念佛不忘救國，救國不忘念佛。"人稱"愛國僧人"。[17]

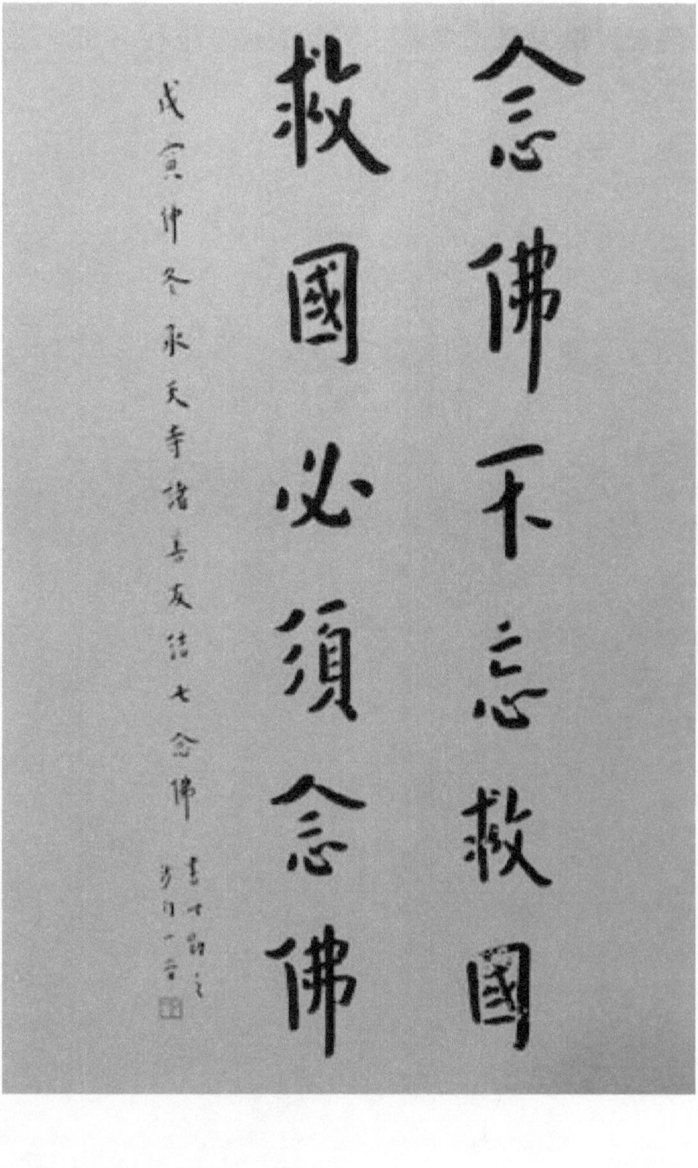

[圖：念佛不忘救國　救國必須念佛]

---

[17] 豐子愷，"李叔同先生的愛國精神"，《弘一大師逝世十五週年紀念冊》，新加坡彌陀學校，1957，頁55-57。

對於"佛法",大師寫了"佛法十疑略釋",說明:1.佛法非迷信;2.佛法非宗教;3.佛法非哲學;4.佛法非違背於科學;5.佛法非厭世;6.佛法非不宜於國家之興盛;7.佛法非能滅種;8.佛法非廢棄慈善事業;9.佛法非是分利;10.佛法非說空以滅人世。[18]

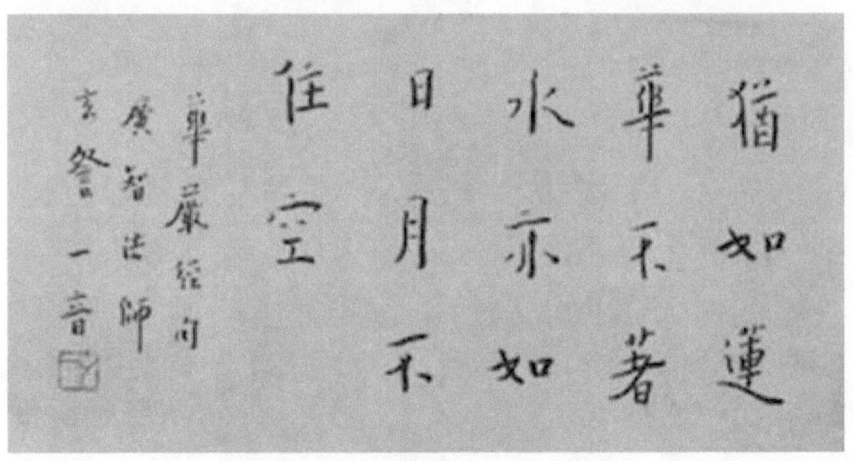

---

[18] 吳福輝,陳子善主編,李叔同著,《送別──我在西湖出家的經過》,上海復旦大學出版社,2006,頁192-197.

寫字的章法與評分

　　大師對書寫聯語有濃厚興趣，有極高的創作成果。他曾為各地寺院撰寫聯語，或鑲嵌字聯語。例如，替"草庵"寫的門聯：

　　草積不除時覺眼前生意滿

　　庵門長掩勿忘世上苦人多

　　對於書寫對聯和中堂，大師頗有心得。他說：

　　我們寫對聯或中堂，就所寫的一幅字而論，是應該有章法的。普通的一幅中堂，論起優劣來，有幾種要素須注意的。現在估量其應得的分數如下：

　　章法五十分/字三十五分/墨色五分/印章十分

　　一般人認為每個字都很要緊，然而依照上面的記分，只有三十五分。大家也許要懷疑，為什麼章法反而分數占多數呢？在藝術上有所謂三原則，即：（1）統一；（2）變化；（3）整齊。

　　這在西洋繪畫方面是認為很重要的。我便借來用在此地，以批評一幅字的好壞。我們隨便寫一張字，無論中堂或對聯，普通將字排起來，或橫或直，首先要能夠統一，字與字之間，彼此必須相聯絡，互相關係才好。但是單止統一也不能的，呆板也是不可以的，須當變化才好。若變化得太厲害，亂七八糟，當然不好看。所以必須注意彼此互相聯絡，互相關係才可以的。

就寫字的章法而論，大略如此。說起來雖很簡單，卻不是一蹴可幾的。這需要經驗的，多多地練習，多看古人的書法以及碑帖，養成賞鑒藝術的眼光，自己能去體認，從經驗中體會出來，然後才可以慢慢地養成，有所成就。

所謂墨色要怎樣才可以？即質量要好，而墨色要光亮才對。還有，印章蓋壞了，也是不可以的。蓋的地方要位置設中，很落位才對。所謂印章，當然要刻得好，印章上的字須寫得好。至於印色，也當然要好的。蓋用時，可以蓋一顆兩顆。印章有圓的方的，大的小的不一，且有種種的區別。如何區別及使用呢？那就要於寫字之後再注意蓋用，因為它也可以補救寫字時章法的不足。[19]

1932年的夏天，大師在鎮海龍山伏虎寺為學生劉質平作書法。劉質平每天清晨備墨，弘一大師用了16天半寫完《佛說阿彌陀經》，隨後又寫了一百幅字對，寫完以後，他語重心長地說：“此次寫對，不知為何，愈寫愈有興趣，想是與這批對聯有緣，故有如此情境。從來藝術家有名的作品，每興趣橫溢時，在無意中作成。凡文詞，詩歌，字畫，樂曲，劇本，都是如此。”[20]

關於寫經，弘一大師曾請教印光法師（1861-1940），印光法師說：“寫經不同寫字屏，取其神趣，不必工整。若寫經，宜如進士寫策，一筆不容苟簡，其體必須依正式體。若座下書札體格，斷不可用。”弘一法師遂用工整的字體給印光法師寫信。印光法師覆信說：“接手書，見其字體工整，可依此寫經。夫書經乃欲以凡夫心識，轉為如來智慧。比新進士下殿試場，尚須嚴恭寅畏，無稍怠忽。”[21]

---

[19] 吳福輝，陳子善編，李叔同著，《送別——我在西湖出家的經過》，上海復旦大學出版社，2006，頁182-183
[20] 劉質平，“弘一大師遺墨珍藏記”，《弘一大師遺墨》，北京華夏出版社. 1987.
[21] 陳星，《芳草碧連天——弘一大師傳》，台北業強，1994，頁137-138.

喜愛大師書法的人很多。魯迅在 1931 年 3 月一日的日記中寫道："午後往內山書店,贈內山夫人油浸蕾白一盒,從內山君乞得弘一上人書一紙。"這次被魯迅"乞"得的是用白宣紙寫的"戒定慧"。

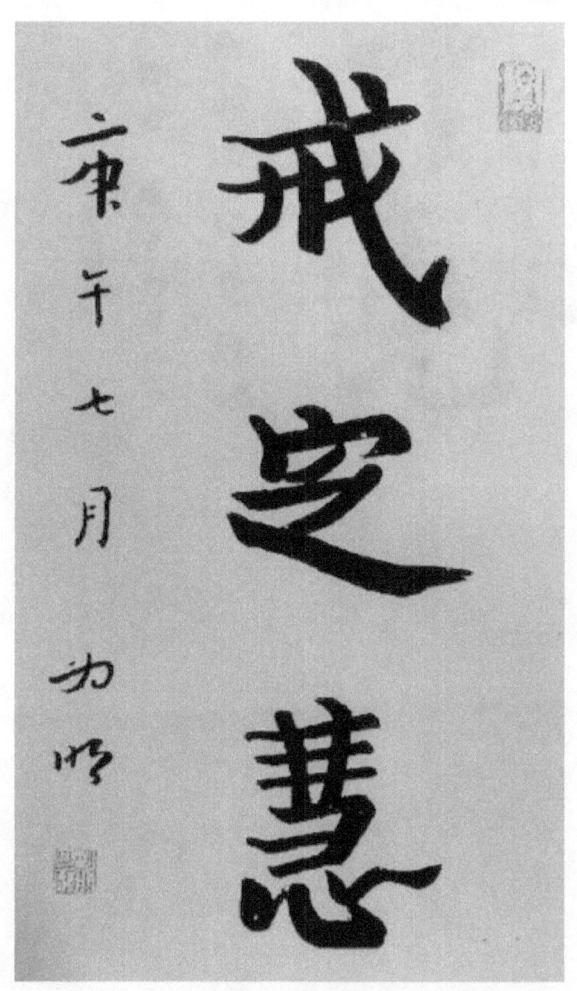

1938 年,弘一法師在致李芳遠的信中寫道："近來多忙,而身體甚健。此次住泉州不滿兩月,寫字近千件,每日可寫四十件上下。"

有位居士在送弘一大師的時候說："此次泉州人士多來求公字,少來求法,不無可惜。"大師回答說："余字即是法,居士不必過為分別。"[22]

大師在寺院上課時,常勸學僧們要努力用功,鑽研佛法,全力以赴,常寫"勇猛精進"鼓勵後學。

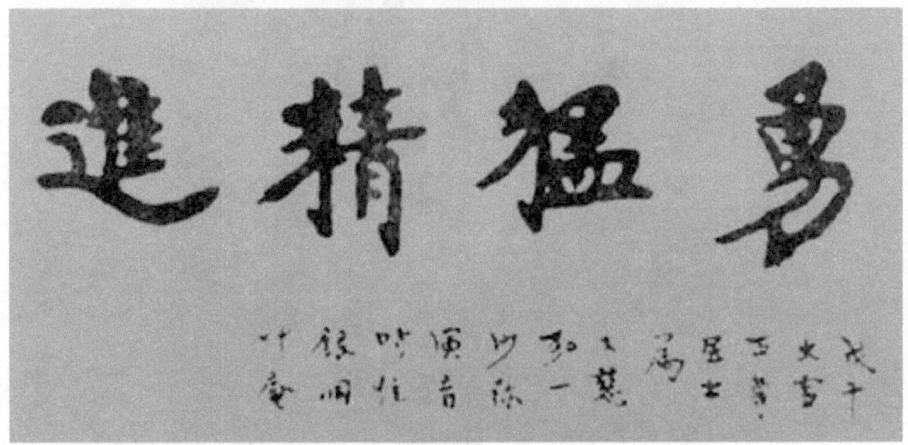

---

[22] 陳星,《芳草碧連天──弘一大師傳》,台北業強,1994,頁 196-197.

勸人不殺生

　　豐子愷和劉質平都是他早年教過的得意門生,一個精於繪畫,以漫畫名滿神州,另一個擅長音樂,以作曲聞名於世。大師熱衷於勸人不要殺生,他和豐子愷合作編寫《護生畫集》,於1929年二月,大師五十歲時,由上海開明書店出版第一份,其中有五十幅護生畫,由大師在每幅上題寫詩句。在所撰序言中說:"蓋以藝術作方便,人道主義為宗趣。""我依畫意,為白話詩;意在導俗,不尚文詞。普願眾生,承斯功德;同發菩提,往生樂國。"大師相信眾生平等,皆具佛性。

　　《護生畫集》中,詩畫並列,圖文並茂,廣受讀者喜愛,佳評潮湧,歷久不衰。有行善之人,出資印發,廣爲流傳。(今選以下十三幅)

豐子愷畫弘一大師遺像

（1）"**今日與明朝**"——日暖春風和/策杖游郊園/雙鴨泛清波/群魚戲碧川/為念世途險/歡樂何足言/明朝落網罟/繫頸陳市廛/思彼刀砧苦/不覺悲淚潸

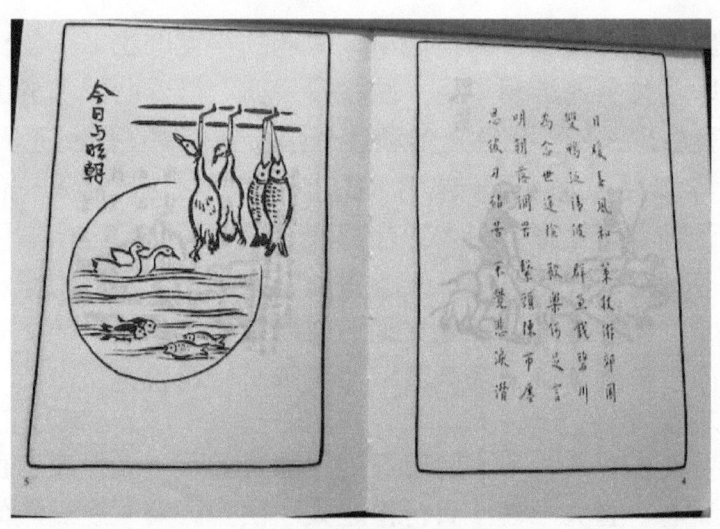

（2）"**母之羽**"——雛兒依殘羽/殷殷戀慈母/母亡兒不知/猶復相環守/念此親愛情/能勿悽心否

（3）"暗殺 其二"——誰道群生性命微/一般骨肉一般皮/勸君莫打枝頭鳥/子在巢中望母歸（唐白居易詩）

（4）"訣別之音"—— 落花辭枝/夕陽欲沉/裂帛一聲/淒入人心

（5）"生離歟？死別歟？"——生離常惻惻/臨行復回首/此去不再還/念兒兒知否

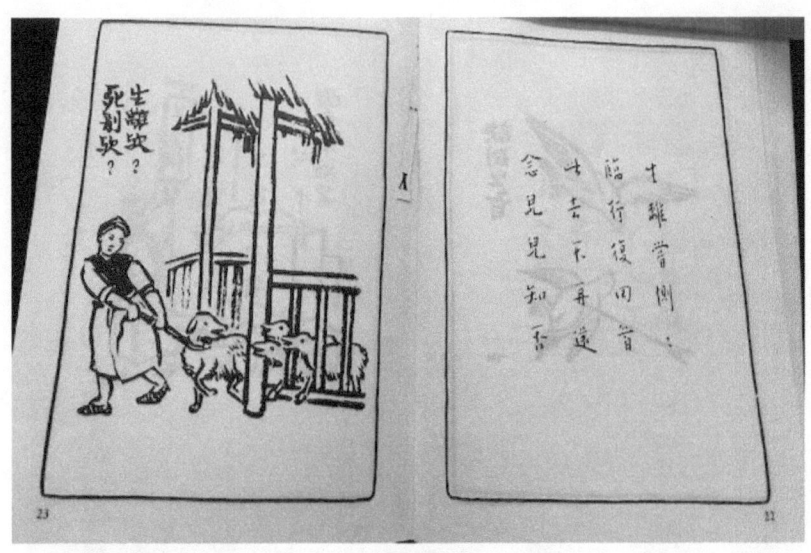

（6）"乞命"—— 吾不忍其穀觫/無罪而就死地/普勸諸仁者/同發慈悲意

（7）"示眾"——　景象太淒慘/傷心不忍睹/夫復有何言/掩卷淚如雨

（8）"修羅"——　千百年來盌裡羹/冤深如海恨難平/欲知世上刀兵劫/但聽屠門夜半聲（願雲禪師戒殺詩）

（9）"囚徒之歌"—— 人在牢獄/終日愁欷/鳥在樊籠/終日悲啼/聆此哀音/淒入心脾/何如放舍/任彼高飛

（10）"劊子手"—— 一拍納沸湯/渾身驚欲裂/一針刺己肉/遍體如刀割/魚死向人哀/雞死臨刀泣/哀泣各分明/聽者自不識（明陶周望詩）

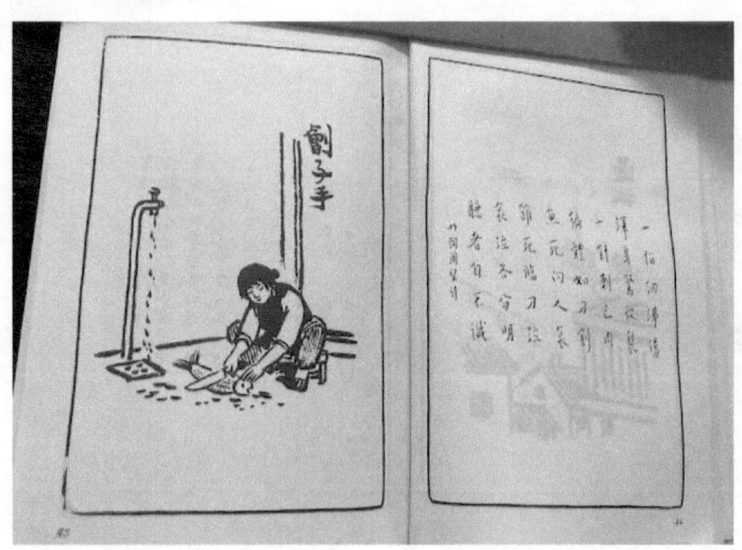

（11）"屍林"——　見其生/不忍見其死/聞其聲/不忍食其肉/應起悲心/勿貪口腹

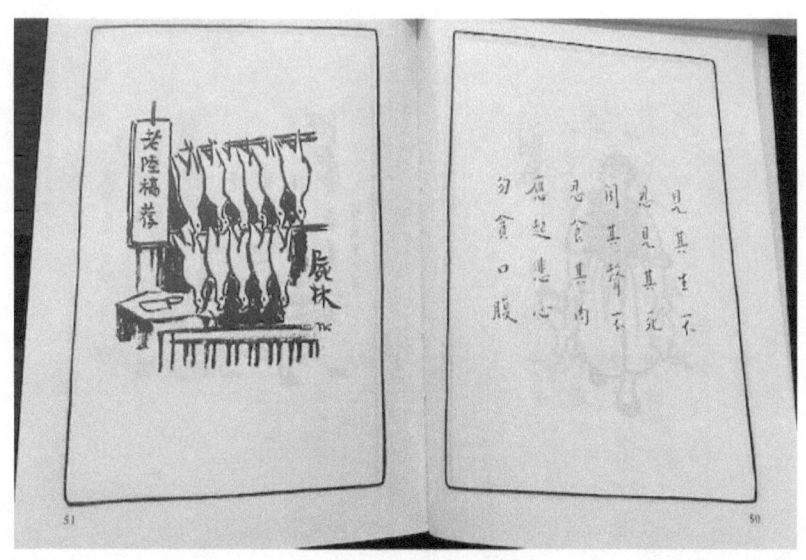

（12）"懺悔"——　人非聖賢/其孰無過/猶如素衣/偶著塵涴/改過自新/若衣拭塵/一念慈心/天下歸仁

(13)"遇救"——　且停且停/刀下留命/年幼心慈/可欽可敬（東園補題）

豐子愷寫道：

　　弘一法師五十歲時（1929）與我同住上海居士林，合作護生畫初集，共五十幅。我作畫，法師寫詩。法師六十歲時（1939）住福建泉州，我避寇居廣西宜山。我作護生畫續集，共六十幅，由宜山寄到泉州去請法師書寫。法師從泉州來信云："朽人七十歲時，請仁者作護生畫第三集，共七十幅；八十歲時，作第四集，共八十幅；九十歲時，作第五集，共九十幅；百歲時，作第六集，共百幅。護生畫功德於此圓滿。"那時寇勢兇惡，我流亡逃命，生死難卜，受法師這偉大的囑咐，惶恐異常。心念即在承平之世，而法師住世百年，畫第六集時我應當是八十二歲。我豈敢希望這樣的長壽呢？我覆信說："世壽所許，定當遵囑。"[23]

---

[23] 豐子愷畫，弘一法師等說明：《護生畫集選集》，香港佛經流通處，1989，序言頁 6-10. 13 幅護生畫選自頁 4-7，18-23，26-27，32-35，40-41，44-45，50-51，58-61.

1942 年，大師於六十四歲時，圓寂於泉州不二祠溫陵養老院。豐子愷的護生畫集一共出了六集，共有 450 篇。護生畫集一與二集中，每篇都有弘一法師寫的說明，一集五十篇加二集六十篇，共百餘篇之多。

馬一浮在序文中說："去除殘忍心，長養慈悲心，然後以此心來待人處世。--- 這是護生的主要目的，故曰護生者，護心也。"

十月十日，弘一大師在圓寂前，寫"悲欣交集" 繳給弟子妙蓮法師，遂與世絕。"悲見有情，欣證禪悅。"24 大師終年六十三歲。

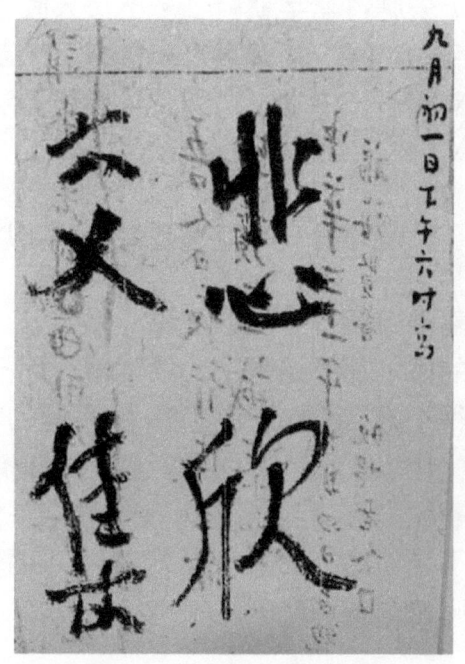

---

24 葉聖陶，"談弘一法師臨終偈語"，《弘一大師逝世十五週年紀念冊》，新加坡彌陀學校，1957，頁 53-54.

最後的演講——"關於寫字的方法"

這是大師所做的最後一次的演講,是叮嚀福建的學僧們所說的話。他說:

我想寫字這一回事,是在家人的事,出家人講究寫字有什麼意思呢?所以,這一講講寫字的方法,我覺得很不對。因為出家人假如只會寫字,其他的學問一點也不知道,尤其不懂得佛法,那可以說是佛門的敗類。須知出家人不懂得佛法,只會寫字,那是可恥的。出家人唯一的本分,就是要懂得佛法,要研究佛法。不過,出家人並不是絕對不可以講究寫字的,但不可用全副精神,去應付寫字就對了。出家人固應對於佛法全力研究,而於有空的時候,寫寫字也未嘗不可。寫字如果寫到了有個樣子,能寫對子,中堂來送與人,以作弘法的一種工具,也不是無益的。

大師提出了一個理論——就是要做到"字以人傳":

倘然只能寫得幾個好字,若不專心學佛法,雖然人家讚美他字寫得怎樣的好,那不過是"人以字傳"而已。我覺得:出家人字雖然寫得不好,若是很有道德,那麼他的字是很珍貴的,結果都是能夠"字以人傳";如果對於佛法沒有研究,而且沒有道德,縱能寫得很好的字,這種人在佛教中是無足輕重的了,他的人本來是不足傳的。即能"人以字傳",這是一樁可恥的事,就是在家人也是很可恥的。25

---

25 吳福輝,陳子善編,李叔同著,《送別——我在西湖出家的經過》,上海復旦大學出版社,2006,頁178。

大師講了一些基本法則之後說："想要寫好字，還是要多多練習，多看碑，多看帖才對。"假如要達到最高的境界，他就沒法回答。他這麼說：

曾記得《法華經》有云："是非思量分別之所能解"。我便借用這句子，只改了一個字，那就是"是字非思量分別之所能解"了。

即以寫字來說，也是要非思量分別才可以寫得好的。同時要離開思量分別，才可以鑑賞藝術，才能達到藝術的最上乘的境界。

大師強調，佛法學得好，字也可以寫得好。他又提出一個新理論：

我覺得最上乘的字或最上乘的藝術，在於從學佛法中得來。要從佛法中研究出來，才能達到最上乘的地步。所以，諸位若學佛法有一分的深入，那麼字也會有一分的進步，能十分的去學佛法，寫字也可以十分的進步。

大師的演講雖然是以學僧為對象，但是對於一般學寫毛筆字的人，也是很珍貴的引導。

"不是一番寒徹骨／怎得梅花撲鼻香"

結論—— 字以人傳

弘一大師的才藝是出人頭地的。柳亞子寫道:"舉凡音樂繪畫,以及金石書法,靡不精妙。"

葉紹鈞在夏丏尊那裡,見到弘一法師臨摹各體碑刻的成績,覺得他寫什麼像什麼,而且是真的下過苦功的。藝術這門學問,大都始於模仿而終於獨創。有人模仿一輩子,喪失了自我。而有才情的,用真誠的態度去模仿的,就會遇到蛻化的一天,"從模仿中蛻化出來,藝術就得到了新的生命,不傍門戶,不落窠臼,就是所謂獨創了。弘一法師近幾年來的書法,可以說已經到了這個地步。"

如前所述,弘一法師自己說,世間無論哪一種藝術,都是非思量分別所能解的。"即以寫字來說,也是要非思量分別才可以寫得好的。同時要離開思量分別,才可以鑑賞藝術,才能達到藝術的最上乘的境界。"

葉紹鈞喜歡弘一法師的字,因為他的字"蘊藉有味"。"就全幅看,許多字是互相親和的,好比一堂謙恭溫良的君子人,不亢不卑,和顏悅色,在那裡從容論道。就一個字看,疏處不嫌其疏,密處不嫌其密,只覺得每一畫都落在最適當的位置,移動一絲一毫不得。再就一筆一畫看,無不教人起充實之感,立體之感……總括以上這些,就是所謂蘊藉。毫不矜才使氣,意境含蓄在筆墨之外,所以越看越有味。"[26]

劉恆認為弘一大師晚年的書法,稱得上是真正的佛教書法藝術,這也是他最大成功所在。藝術需要強烈而豐富的感情,

---

[26] 葉紹鈞,"弘一法師的書法",《弘一大師逝世十五週年紀念冊》,新加坡彌陀學校,1957,頁 44-46。

而佛教恰恰要求人們放棄和泯滅感情。大師也顯然感受到這種矛盾,他曾寫道:"夫耽樂書術,增長放逸,佛所深戒。然研習之者能盡其美,以是書寫佛典,流傳於世,令諸眾生歡喜受持,自利利他,同趣佛道,非無益也。"李叔同能夠將他的藝術家的豐富感情,與清心寡欲的佛教戒律,在書法藝術中得到統一和平衡。27 事實上,弘一大師將書法作為弘法的一個載體,他甚至說過:"余字即是法。"因此,求他的字就是求法。

　　流傳的大師的作品顯示出他豐富的才情和深厚的藝術造詣。筆下闡揚哲理,弘揚佛法,巧妙地循循善誘。才華洋溢的大師,他的字的確是"字以人傳"。而且他的"字以人傳"的理論,驗諸數位佛教大師的墨寶流傳與受珍惜的程度,的確很有道理。

　　弘一大師李叔同留存下來的墨寶是中國文化裡耀眼的明珠,會世世代代的留傳下去。願佛光普照!

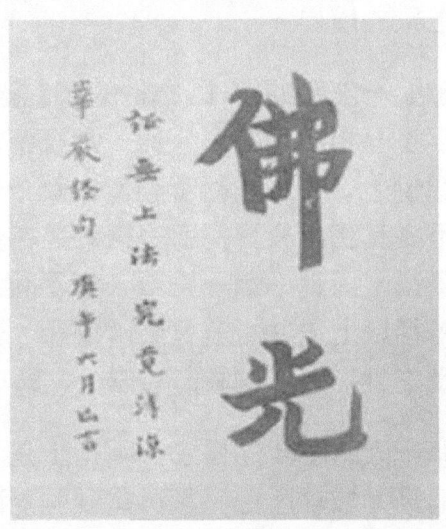

---

27 劉恆,"李叔同的書法藝術",《李叔同——弘一法師》,天津古籍出版社,1988,頁230-231

參考書目

- 百度：李叔同人物生平
- 蔡念生彙編，《弘一法師法集》，台北新文豐出版公司，1974
- 陳慧劍，《弘一大師論》，台北東大圖書公司，1996
- 陳慧劍，《弘一大師傳》，北京中國建設出版社，1989
- 陳星，《芳草碧連天----弘一大師傳》，台北業強出版社，1994
- 陳星，《弘一大師與文化名流》，高雄佛光出版社，1992
- 陳星，《李叔同》，湖北美術出版社，2002
- 陳星，《說不盡的李叔同》，北京中華書局，2005
- 陳星編，《我看弘一法師》，杭州浙江古籍出版社，2003
- 豐一吟，《豐子愷》，上海學林出版社，1987
- 豐子愷，《護生畫集》，共六集
- 豐子愷畫，弘一法師等書寫說明，《護生畫集選集》，香港佛經流通處，1989（普贈各界，廣結善緣）
- 洪啟嵩，黃啟霖，《弘一文集》，台北文殊出版社，1988
- 《弘一法師書法集》，上海書畫出版社，1993
- 《弘一大師法集》，共六冊，台北新文豐出版社，1976
- 釋廣洽，《弘一大師逝世十五週年紀念冊》，新加坡彌陀學校，1957
- 姜丹書等，《弘一大師永懷錄》，台北新文豐出版公司，1975
- 金梅，《悲欣交集：弘一法師傳》，福建教育出版社
- 金梅，《李叔同影事》，天津百花文藝出版社，2005
- 《歷代名家書法經典：李叔同》，中國書店，2013
- 李叔同，《悲欣交集》，北京大學出版社，2010
- 李叔同，《 李叔同說佛講經大全集》，新世界出版社，2012
- 《李叔同---弘一法師》，天津古籍出版社，1988
- 李棠溪，《人間有味是清歡：李叔同的情詩禪》，同心出版社，2012

- 林可同，《弘一書法墨跡》，杭州中國美術學院出版社，2004
- 林子青，《弘一大師年譜》，台北新文豐出版社，1974
- 劉心皇，《弘一法師新傳》，台北聯亞出版社，1978
- 樓葉剛，"妙語與弘一法師"，《亞省時報》，2018 年 8 月 17 日
- 蘇遲，《李叔同傳》，北京團結出版社，1999
- 王榮多編著，《釋演音》，北京中國文史出版社，1998
- 王志遠，《弘一大師傳》，北京中國建設出版社，1989
- 聞逸書，《弘一法師：李叔同》，四川文藝出版社，2007
- 吳福輝，陳子善編，李叔同《送別，我在西湖出家的經過》，上海復旦大學出版社，2006
- 徐星平，《弘一大師》，北京中國青年出版社，1988
- 楊少波，《李叔同：兩世悲欣一扁舟》鄭州大象出版社，2004
- 張鐵成編著，《聽李叔同講人生哲理》，新世界出版社，2009

作者簡介

　　鮑家麟，台灣大學歷史系畢業，1971 年獲印第安那大學博士，曾任台灣大學歷史系副教授教授多年，美國亞利桑那大學（University of Arizona，Tucson，AZ）東亞系終身教授，2003 年，榮獲亞洲學會西部分會終身成就獎。現任美國亞利桑那大學東亞系榮休教授。近年著作有：《俠女愁城：秋瑾的生平與詩詞》南京大學出版社，《走出閨閣：中國婦女史研究》上海中西書局，《從詩經到費加洛婚禮：東西歷史文化漫談》台北秀威，及《林雲大師的勸善墨寶：創新的書法藝術》漢世紀。

＊封底照片：作者鮑家麟攝於嘉義南華大學。2019 年 11 月，作者代表亞利桑那大學參加舉行的大學校長論壇。背後為三幅大師一筆字墨寶，分別為"大覺我師""春風化雨""無怨無悔"。

以筆墨弘揚佛法：星雲大師與弘一大師
Teaching Buddhism Through Calligraphy: Masters Hsin-yun and Hongyi

作　　　者／鮑家麟（Chia-lin Pao Tao）
出版者／美商 EHGBooks 微出版公司
發行者／美商漢世紀數位文化公司
臺灣學人出版網：http：//www.TaiwanFellowship.org
印　　　刷／漢世紀古騰堡®數位出版 POD 雲端科技
出版日期／2022 年 12 月
總經銷／Amazon.com
臺灣銷售網／三民網路書店：http：//www.sanmin.com.tw
　　　　　三民書局復北店
　　　　　地址／104 臺北市復興北路 386 號
　　　　　電話／02-2500-6600
　　　　　三民書局重南店
　　　　　地址／100 臺北市重慶南路一段 61 號
　　　　　電話／02-2361-7511
全省金石網路書店：http：//www.kingstone.com.tw
中國總代理／廈門外圖集團有限公司
地　　　址／廈門市思明區湖濱南路 809 號國際文化大廈裙樓 5 樓
定　　　價／新臺幣 450 元（美金 15 元／人民幣 100 元）

2022 年版權美國登記，未經授權不許翻印全文或部分及翻譯為其他語言或文字。
2022 © United States, Permission required for reproduction, or translation in whole or part.

www.ingramcontent.com/pod-product-compliance
Lightning Source LLC
LaVergne TN
LVHW091602060526
838200LV00036B/968